居家服務
督導工作手冊
Home Care Manager Handbook
陳美蘭、許詩妤◎著

序

感動人的服務

《居家服務督導工作手冊》，用一年半的時間撰寫成冊，這段期間走讀日本高崎、德國符茲堡、美國舊金山和大陸海南省各地，走訪各國圖書館及書局收集文獻資料，翻譯成中文的過程十分辛苦，但每次到截稿送印，看到書籍出版，就很欣慰。雖然撰寫的過程很辛苦，但是一想到即將有更多人受益於此書，便督促自己要更努力鞭策自己，成就美好的事。督導工作在居家照顧服務體系中，占有重要的管理地位。一位優秀的居家服務督導員，必須協助居督員在專業知識及照顧技術領域上，做培力計畫。督導在工作中，以喜樂的心，服務案主，將感動人的服務，用服務員的手，帶到案主家庭，將雙福引導到居家服務中，讓社會上有需要的人，都在需要時有愛與關懷的服務。

長照十年計畫2.0所引導的健康照護政策目標之規劃與執行，在衛生福利部高齡社會健康照護政策目標與策略指導之下，政府期能建立優質之長期照顧服務體系。未來督導不再只是重複做同樣的工作，而是將服務中的感動元素，在服務提供時，引入愛與關懷於各項工作中。照顧不再只是照顧身體健康，服務不再只是制式服務，管理不再是面對問題，本書將提供助人者一個學習的天地。

這本督導工作手冊，提供讀者學習督導工作知識及內容，以及如何應用在實務工作上。書中加上督導管理知識，還有健康促進和團體活動設計，其中還包括日本近幾年在介護工作上的實務分享。居家照顧服務在日本已經施行多年，發展面向多元，值得台灣學習及借鏡。

這本書的出版令人感恩及備受祝福，首先感謝我的母親林秀芹女

士，在三十年前帶我進入長期照顧產業學習及成長，以及感恩伊甸基金會同工們的協助，特別感謝伊甸基金會附設迦勒居家照顧服務中心許詩妤督導，和我一起努力完成這本書。謝謝一直以來，一起爲台灣社會長期照顧產業默默付出的工作者。同時感謝寫作的過程中，默默給我支持的你們。

我希望藉由《居家服務督導工作手冊》，讓更多實務工作者，一起爲照顧服務產業服務品質的提升及人才培育發展而努力。期待讀者們將本書分享給更多人，讓知識藉由分享，讓需要的人得其所需，讓學習者充份瞭解居家服務督導工作領域的概略。謝謝揚智文化閻富萍總編及團隊的支持與協助。再次謝謝默默爲我們祝福代禱的你們。

陳美蘭

2017年11月初

目 錄

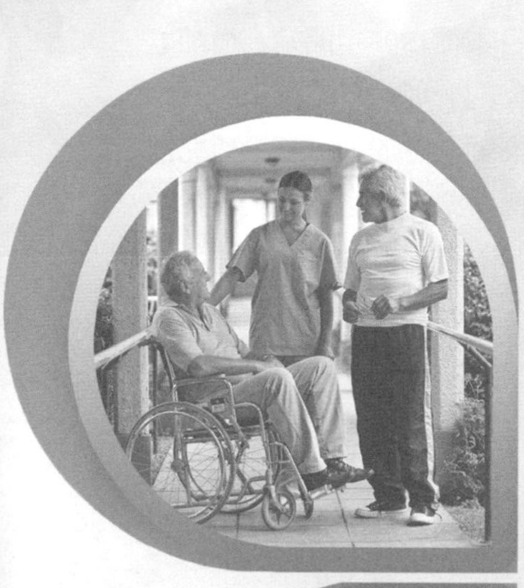

Chapter 1

督導管理特質

陳美蘭

學習重點

1.管理與領導力

2.督導定義與特質

3.長期照顧產業經營與管理

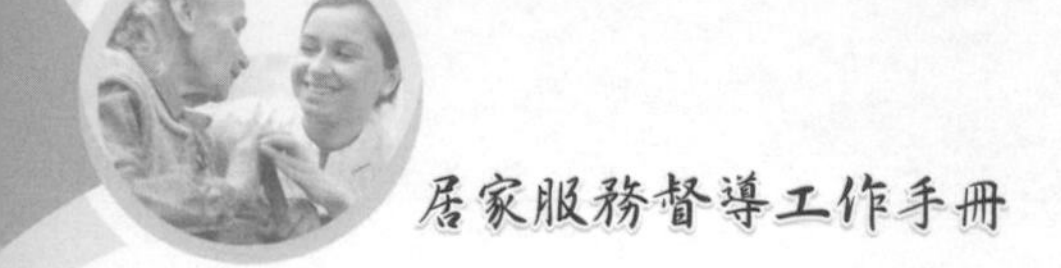

2009年是「國際高齡者年十周年」，日本從1999年開始，增加老人社會參與和增強生命力，更成爲社會工作的一環。日本型高齡社會是先進國型高齡社會，會中建議提供日本高齡社會老人，和平嬰兒潮所產生的國難救助（崛內正範，2010）。而台灣在2017年因應高齡社會來臨，也規劃「長照司」來因應老年人口增加後的各種問題。

台灣自1993年後，老人人口已經超過台灣總人口的7%，成爲高齡化社會。日本是亞洲最早面對高齡化及少子化問題的國家，日本在2016年推估2050年老人人口數，進而制訂各項對應政策之時，分析數字指出，當日本總人口數在2050年達到1億人時，那時健康老人（日本稱元氣高齡者），將是社區的關鍵。從政府行政部門、NPO的協助、介護（照顧服務）、終活等多種問題，都是住在社區中的人會面臨的老化後課題。2050年的日本，三人中會有一個70歲以上的老人，達到「超高齡社會」。準備要被介護的人（45～90歲）有3,021萬人。要介護者70歲以上有3,105萬人，80歲以上有1,599萬人，包括認知症800萬人，日本將在三十多年後，進入「大介護時代」（若林靖永、樋口惠子，2015）。

台灣的老化速度，隨著現代醫療技術及科技的進步，老人人口比例逐年增加。西元2010年之後，65歲以上的老人人口更達到10.7%，總計超過248萬人（內政部，2011）。105年底我國戶籍登記人口爲2,354萬人，65歲以上者3,106,105人，占13.20%（內政部統計處，2017a），老人人口數將快超過總人口數14%的比率，將進入「高齡化社會」之列。內政部統計處（2017b）公佈104年「最新統計指標」顯示，台灣全體平均壽命爲80.2歲，男性77.0歲，女性83.6歲。雖然壽命延長了，不良飲食生活習慣、壓力大導致身心失調、運動量不足等因素，罹病人數有增無減。

人口結構已發生變化，平均餘命延長，台灣的老化速度加快，長期照護需求量更是大增，建立永續經營之社區健康照顧模式，已經

刻不容緩。社區健康照顧不但提供在地服務，也同時創造在地就業機會。健康管理和長期照護需求的議題，在老年人口數逐年攀升時，社工型態的居家服務督導員一職，需要更專業的培育與規劃。督導工作在社區健康照顧中，扮演重要角色。本章茲就管理與領導力、督導定義與特質和長期照顧產業經營與管理三個部分，探討督導管理人才所需具備的特質、能力及工作範疇，以及規劃培育督導管理人才的面向。

第一節　管理與領導力

「管理」是一門又廣又深的知識與實務兼具的學科，小到個人生活管理，大到組織領導，都是管理的範疇。好的管理與不良的管理，在相同資源環境下，會產出不同的結果與價值。「領導力」更是實務工作管理者，在工作領域有傑出展現的高深學問。領導能力理論中，要瞭解EQ在領導能力中扮演的角色、如何測量領導人情緒帶來的衝擊、如何提高士氣，以及增高衝勁和增進責任感。傑出的領導人，讓面試者大笑的次數，是一般高階主管的2倍，也被九成同事評為傑出領導人。在情緒方面的任務是首要，在團隊中是情緒領路人，領導人正面引導情緒時，人人都會表現最好的一面，稱為「共鳴」現象（張逸安譯，2002）。以下就管理和領導的概念，在居服督導工作中的學習與應用分述說明。

壹、管理的概念

管理者需具備技術能力、人際能力、策略能力。要成為一位優秀的高階主管，需具備誠實的品格、積極的活力、冒險的意願、判斷

的能力，有求才、用才、留才的能力，有願景及遠見，具有創新、辦事能力（葉怡成，1996），這也是身爲部屬所要學習的。自我管理裡面，有時間管理、壓力管理、生涯規劃（葉怡成，1996）。以下就管理的目標、科學的管理方式、管理與創新、管理整合與全員參與和管理與規劃五個部分，來探討督導工作中與管理能力培養有關的部分。

一、管理的目標

管理的目標，是提升組織產出效能（滿意度），也就是做對的事（do the right thing），和提升組織營運效率（生產量），也就是把事情做對（do the thing right）。如**表1-1**所示，管理中將組織員工與管理者層級分類，再以照顧服務產業的職稱對應工作內容，分級負責不同管理階層的工作內容，凝聚團隊合作力來完成管理領導過程的各項工作，達成具體目標。

高階管理者設定組織願景與長期目標、規劃長期策略，還有組織的代表者，領導與監督中階管理者。中階管理者將高階管理者擬定的策略發展爲具體可行方案，並領導與監督基層管理者。基層管理者執

表1-1　組織員工與管理者層級分類

員工層級	職稱	工作內容
高階管理者	執行長、區長	・設定組織願景與長期目標 ・規劃長期策略 ・組織的代表者 ・領導與監督中階管理者
中階管理者	主任	・將高階管理者擬定的策略發展為具體可行方案 ・領導與監督基層管理者
基層管理者	組長、督導	・執行中階管理者擬定的方案 ・領導與監督基層員工
基層員工	服務員	・完成上司所交待的工作 ・迅速反應第一線所發生的問題

資料來源：中央大學企業管理學系（2005）。

行中階管理者擬定的方案，並領導與監督基層員工。基層員工完成上司所交待的工作和迅速反應第一線所發生的問題（中央大學企業管理學系，2005）。組織中從下到上，分層負責管理過程的各項工作，達到組織的良好管理。在照顧服務組織架構中，分別是執行長、區長、主任、組長、督導、服務員。

二、科學的管理方式

居家照顧服務管理者，可以運用科學的管理方式，包括科學管理原則、五力分析、PEST分析、SWOT分析、WDEP模式五種方法，來探討居照服務管理。

(一)科學管理原則

Frederick W. Taylor在1911年出版的《科學管理原則》（*The Principles of Scientific Management*）中提出四大原則，包括標準作業流程、訓練、合作、分工，以下說明四項科學管理的方式（中央大學企業管理學系，2005）。

1.標準作業流程（SOP）：爲每一工作細節與步驟都發展出科學化的標準流程。
2.訓練（training）：用科學方法選拔、訓練、教育員工。
3.合作（cooperate）：管理者與員工眞誠合作，依照科學原則處理事務。
4.分工（share）：管理者與員工要分攤工作與責任。

(二)五力分析

Porter的五力分析，包括潛在競爭者的威脅、現有同業之競爭壓力、上游（供應商）、下游（購買者）和替代品的威脅，如**圖1-1**所示。五力分析是管理學中淺顯易懂的管理規劃指標。在現代管理學

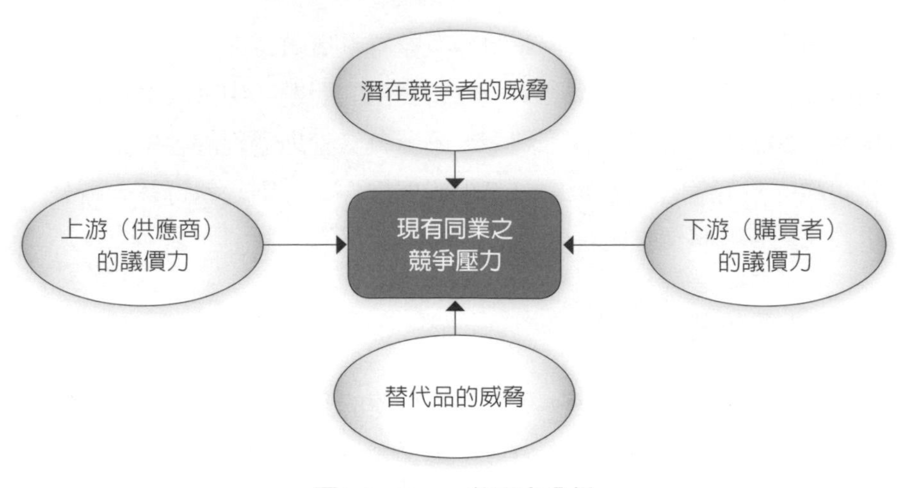

圖1-1　Porter的五力分析

資料來源：中央大學企業管理學系（2005）。

中，SWOT分析和五力分析仍常被用於分析組織間、分析各單位對內及對外的情勢，以規劃每季或每年度的新工作目標。管理過程中，瞭解PEST和SWOT分析，針對個案進行分析，再改進服務輸送過程，是專案計畫執行者常使用的評量工具。

(三)PEST分析

PEST分析的影響要項，如**表1-2**所示，P代表政治，E代表經濟，S代表社會，T代表科技。政治（Politics）受到政策改變及種種限制，而影響了計畫執行方向。經濟（Economic）受到經濟變動、各國經濟環境改變，而產生各種不同類型的計畫發展和費用模組。社會（Society）受到人口數增減、社會環境、生活模式改變，而有社區、單點、整合型服務模式的變革。科技（Technology）受到電子產品研發更新，而有表單製作、打卡方式、費用計算、服務輸送等電子商務模式產生。

表1-2 PEST分析的影響要項

P政治	E經濟	S社會	T科技
政策／限制	經濟／環境	人口／環境	電子／研發

(四)SWOT分析

SWOT分析的影響要項，如**表1-3**所示，S代表優勢，W代表劣勢（缺點），O代表機會，T代表威脅。優勢（Strength）中包括創新技術、創新管理、簡化行政表單及流程、管理能力強的領導人、跨專業領域和口碑行銷。劣勢（缺點）（Weakness）包括缺乏某項競爭優勢、有強大的競爭對手存在和人才流動率高。機會（Opportunity）包括工作環境佳、達到工作目標的有利點、專業技術強和健康消費意識高漲，並使需求增加。威脅（Threat）包括來自其他組織的服務及產品優勢，所產生的競爭局面。

表1-3 SWOT分析的影響要項

S優勢	W劣勢（缺點）	O機會	T威脅
・新技術 ・創新 ・行政簡化 ・管理領導人 ・跨領域 ・口碑	・缺乏某項競爭優勢 ・競爭對手 ・人才流動率高	・環境 ・有利點 ・技術 ・健康消費意識高漲	・外來商品

(五)WDEP模式

運用WDEP模式在督導實務工作中，等同於產出客製化與差異化的服務模式。Wubbolding（2000）將現實治療具體程序，簡化爲WDEP模式，如**表1-4**所示（黃慈音譯，2013）。

表1-4　WDEP模式

W	want	欲望與需求	探求需求
D	direction and doing	方向與行為	瞭解案主想做的事情跟此事將帶領案主的方向
E	evaluation	評估	案主評估其整體行為
P	planning and commitment	計畫與承諾	協助案主制定切合實際的計畫，並承諾及落實執行

分析後的決策，影響整個專案的執行。決策程序包含決策流程和資訊回饋的過程，從確認與界定問題、發展與評估可能的備選方案、選擇備選方案、執行所選擇的方案，到評估執行方案成果，如**圖1-2**所示。

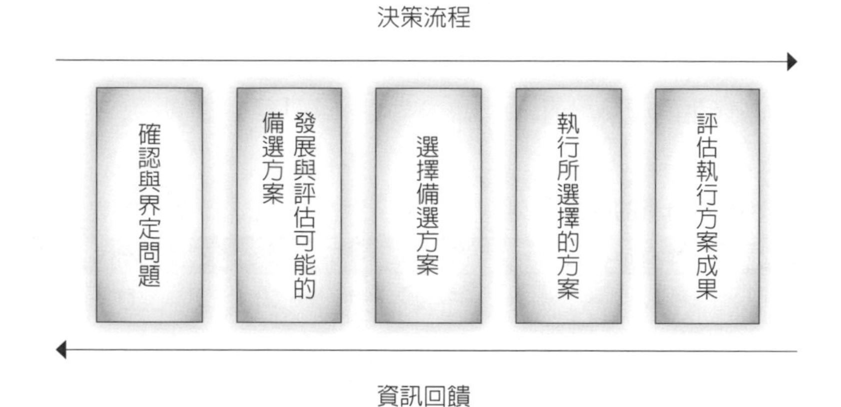

圖1-2　決策程序

資料來源：中央大學企業管理學系（2005）。

三、管理與創新

管理衰敗的原因之一，就是沒有創新。管理的任務，就是要讓一群人有效發揮其長處，避開短處，共同做出成績來。管理階層必須執

行的三項任務如下：

1.達成特定目的與使命。

2.使工作具生產性，讓工作者有成就。

3.管理對社會的影響力及履行社會責任。

舉例來說，醫院的存在是為了病人，救世軍（Salvation Army）替政府管理第一次被逮捕的犯人，透過更生計畫，嚴格要求他們學習工作技能。美國芝加哥柳溪社區教會，創立者挨家挨戶問，人們不去教會的理由，然後一一解決這些問題。早期的學者，認為只有一種管理人的正確方法，事實上，不同的人，需要不同的管理方法。員工生計完全仰賴組織和聽命行事的屬下。我們無法預測新人是否適合新的工作環境，只有實際做了才知道。若新人無法施展才能，讓他們做一個做不來的工作，也是不合理（李田樹譯，2001）。這些創新思維讓管理理論更貼近實務。

四、管理整合與全員參與

品牌認同需要組織全體參與轉化的過程。在大部分時間，同仁聽到抱怨時，眞的應向抱怨者道謝。瞭解管理本質的重要決定，讓理念在組織裡付諸實行。Jim Collins《從A到A^{+}》（*Good to Great*）中提到每一個層級的管理者的能力。提供服務者、經理人、建立品牌的人，引導你調整自己的行為，以達成落實品牌承諾的高標準（齊若蘭譯，2002）。高階主管協助整合；專業人士、訓練人員協助塑造企業環境，以落實品牌服務；監督管理者協助每一名代表企業的員工，對大環境更深入的瞭解；第一線員工協助服務內容，並能夠從中獲益。教育大多數員工達成某種服務風格，符合特定企業形象。一旦目標達成，讓品牌化服務在企業內生根（劉怡女譯，2009）。非營利組織也

需要設立品牌形象，員工的良好表現可以幫助組織塑造好的形象。

五、管理與規劃

規劃（planning）為管理流程的第一個步驟。規劃針對欲追求的目標或遇到的問題，通過思考過程，並將所蒐集的資料，透過整理、分析等技巧而訂出方案。良好規劃之要件是目標設定、進行預測、參與式規劃、善用幕僚人員。規劃擬定有五個步驟：

1.確定目標、界定問題。

2.蒐集相關資料。

3.整理與分析資料。

4.確定執行方案。

5.實施與檢討（中央大學企業管理學系，2005）。

組織溝通的其中一個主題是知識管理，整理和分配組織的集體智慧。在正確的時間，將正確的訊息，傳給正確的人。如果運用得當，知識管理可以改善組織績效。最廣泛要解決的團隊問題是用「品管圈概念」，成員共同負擔責任範圍。自我管理工作團隊的管理職責，包括進度管控、工作派任、工作休息和評估績效。凝聚力是成員間互相吸引、願意留在團體的程度（林財丁、林瑞發譯，2006）。凝聚力是團隊合作中最重要的，一旦找出創新方法來突破問題，產生員工對組織的認同與感動，凝聚力自然生成。美國管理協會（American Management Association, AMA）（2017）提到新商業模式（new business models）像Uber跟Airbnb正在改變經營管理模式，管理者正在找方法去增加他們的價值（value）跟能見度（visibility）。好的管理與規劃，可以讓組織工作或營運達到收支平衡，減少政府的負擔。

貳、領導的概念

從一般服務的角度來看，迅速、禮貌、持續不斷加以關切，或是友善的服務，就是好的管理與領導服務。以下就領導態度與團隊EQ、團隊表現與銷售潛力、領導與服務品質、領導員工達到自我實現、領導品質和創新領導，來看督導工作中領導的概念。

一、領導態度與團隊EQ

領導人的態度，行事風格，出於大腦的情緒中樞，大腦的邊葉緣，我們必須靠他人關係來達成自己情緒穩定，例如在加護病房，有些人在場，就會令人心安。領導人如同一位出色演員，如何將觀眾帶進情緒軌道。在72位執行長和高階管理團隊的研究中發現，「團體IQ」是人人盡全力的整體成果相加，取決於團隊的EQ，反映團隊的和諧。EQ的四大領域是自我察覺、自我管理、社交察覺、人際關係管理。員工心情好，更願意取悅顧客，因此改善業績，改善服務氣氛，營收增加更多。而走調的領導人，如同催狂魔，不接收也不傾聽（張逸安譯，2002）。團隊EQ是由領導人的態度和團隊成員經驗累積而來。

二、團隊表現與銷售潛力

運用顧客面對面接觸時，背後所隱含的銷售潛力，看顧客實際服務經驗如何做到符合品牌承諾。我們可以從飛禽的飛行來看團隊行動的原則，每一隻飛禽各有其獨立的飛行模式，牠們靠著敏銳的視力，依循避免撞到、同樣速度、朝向群體中心三個基本原則，以及快速轉身能力，來完成團隊群體飛行任務。

當團隊成員認同品牌理念，提供落實品牌承諾的顧客服務，即「On-brand服務」，藉此來協助企業建立品牌價值，增加知名度、忠實顧客、市占率以及利潤。創造優勢品牌後，顧客可能因為與服務人員之間的良好互動而忽略產品本身的種種外在缺陷，產生銷售潛力（劉怡女譯，2009）。非營利組織的名稱也是一種品牌，所提供的服務是商品，但是與企業的相異處，在於非利潤追求導向。

三、領導與服務品質

服務業也應制定服務品質標準，督促員工達到清楚明確的服務標準。服務品質標準讓企業可以自行定義與品牌有關的五種服務層面：可靠度、保證性、有形性、同理心、反應性。督導在工作時應反思自己或服務員提供的服務是最佳服務，還是具有風險與傷害品牌的服務。以品牌空間基因要素，分析企業內部文化與眾不同的特質與品牌價值的品牌核心，如**圖1-3**所示。

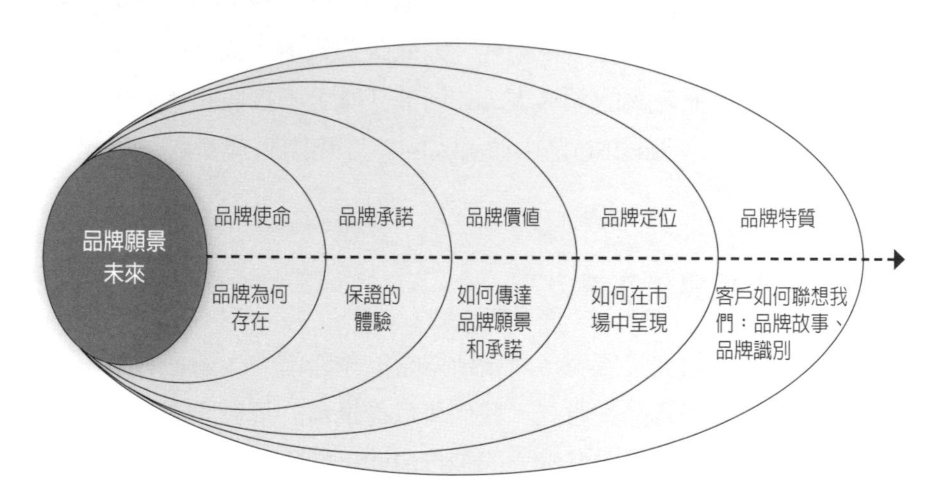

圖1-3　品牌空間基因要素

資料來源：劉怡女譯（2009）。

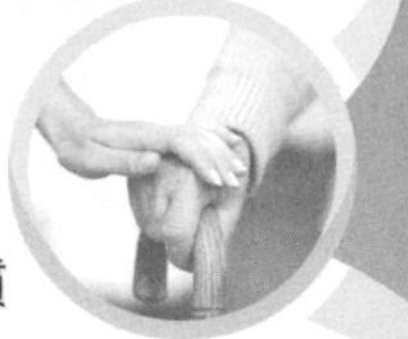

四、領導員工達到自我實現

當遇到問題時，要考量人、事、時、地、物，以退為進，虛心學習，改變環境，加上靜坐祈禱，事半功倍。在一個專案裡面，企業內部相關人員、消費者、供應商、競爭者、社區、政府、媒體等，都是關係人。在達成目標過程中，產出對社會最大的回饋。滿意度是服務評量指標，以員工來看，是期望薪水高，當感覺薪水可接受，自然就達到滿意程度。而當工作壓力大，就會想加薪，才會對工作滿意。以需求理論來看工作，除了要讓員工滿足，除了對工作環境和薪資滿意，還有安心、和諧的工作環境，受到肯定的氛圍，發揮才能的升遷，才能達到自我實現（葉怡成，1996）。當員工達到自我實現，促進消費滿意度提升，增強客戶整體消費經驗帶來的下意識感受與情感，能夠影響消費偏好與購買動機，進而完成優質服務過程及達成組織目標。

五、領導品質和創新領導

品質控制力是自我評量，就是在於知道自己是怎麼做這件事的。瞭解自己，表示自己在做自我監管和控制品質。生活型態影響學習型態，主動積極可取代被動懶散。創造性的思考、腦力激盪、寫作等創造性工作，比起看肥皂劇，較前者更具正面影響（蕭德蘭譯，2014）。態度決定顧客下一次的光臨，將心比心的臨場應對及處理，可創造提供幸福與夢想的機構。讓顧客不止於滿足，更感動內心，用客戶的立場來將心比心，將客戶當成自己的家人，讓顧客感到值得才是好服務（莫策安譯，2009）。

服務提供與品牌口碑建立是平行重疊線，我們從以下十點創意發想（參考自《服務聖經101》），來檢視身為服務提供者的自己或求職者，是否達到服務跟得上品牌口碑的目標。

1.友善招呼客戶，滿足客戶需求，貼身瞭解客戶（不會在服務中無視客戶，一直跟他人閒聊，讓客戶倒胃口，嚴重危及品牌信譽）。
2.提供頂級貼心的服務，不是爲了薪水應付了事。
3.在目標客戶中創造品牌忠誠度，客戶出自於安全感判斷服務水平。
4.用故事勉勵團隊，提升驅策前進的力量。
5.做感動人的服務，增加服務方式的附加結果。
6.微笑客服訓練，訓練基本人際互動。
7.學習用幽默的方式處理顧客抱怨（停止負面事件像病毒藉由網路傳開）。
8.提供獲得信任的服務（客戶付出比其他單位更高的薪資來買服務，我們的服務值得他信任與讚揚嗎？）。
9.爲服務水準設定標準，從電子郵件回覆檢視出做事「精準度」和「正確性」。
10.創造團隊熱情共享的參與體驗，承諾員工利潤財富分享制度。

參、行銷與管理

行銷的目的在於瞭解客戶，使服務能夠適合顧客，謹愼做好行銷前作業，才能設計出正確的產品。從管理來看行銷的定義，用1991年Pride和Ferrell所定義的行銷，個人或組織透過創造、分配、推廣與定價，促進各種財貨服務與理念的活動，以在一個動態環境中，促進令人滿意的交換關係。這當中包含工作技巧與策略管理，在服務中創造顧客價值，並培養顧客關係（李正文，2005）。照顧服務領域中，也會用到行銷與管理的知識。

一、行銷管理

行銷要注重買方，滿足消費者的需要，由外而內，透過客戶滿足來產生利潤。行銷者在制定行銷政策時，需要達到營收目標、滿足客戶需求和追求人類社會福祉。藉由個案分析來探討服務提供過程中，各種因素的相互關聯。行銷的核心觀念有以下五點（李正文，2005）：

1.需要、欲望與需求。
2.產品。
3.顧客價值。
4.交換與交易。
5.市場。

二、行銷管道

行銷管道代表服務輸送的過程。從**圖1-4**通路再設計的第一階段，和**圖1-5**策略的發展，可以瞭解服務設計流程和服務過程中，每一個步驟的規劃方向。**圖1-4**通路再設計的第一階段，包含釐清企業在通路議題上面的方向、定義通路及覆蓋率的要求、發展通路設計、選擇適當的通路夥伴、建立共同的績效期望、改善通路的效力、監控績效、調整計畫。

圖1-5策略的發展，包含進行情勢評估，界定「現有」的商業計畫，檢討使命、願景和大的商機，建立關鍵成果領域和責任以帶動銷售表現，開發並理出可供選擇商業策略的優先順序，挑選策略並組織團，評估和挑選交易夥伴，重新界定商業計畫，執行／引領改變指出，監督和認可表現。大方向指標爲動員、重新界定、執行、實現，並在溝通反饋回路後定出策略。

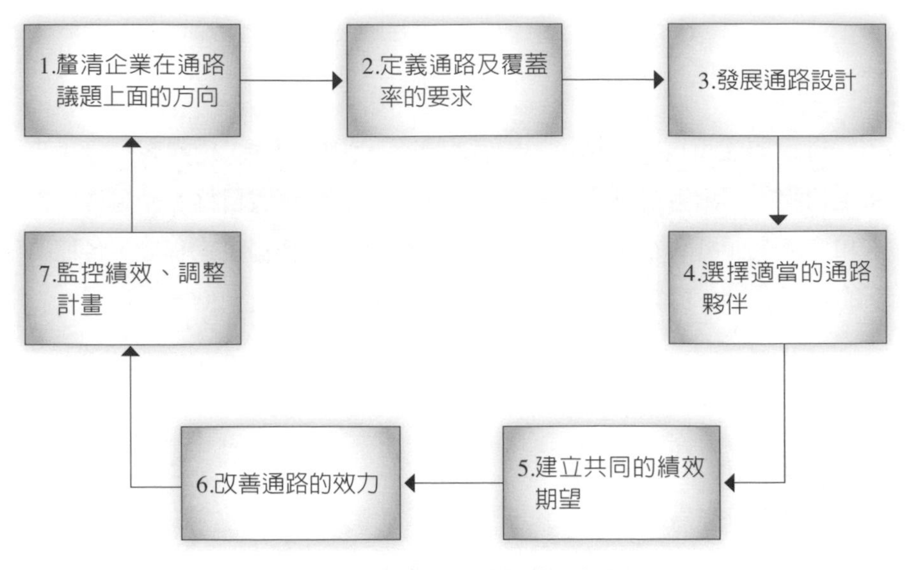

圖1-4　通路再設計的第一階段

資料來源：陳瑜清、林宜萱譯（2004）。

照顧產業管理者，包括管理領導人力資源開發及組織製造。瞭解高齡者心理的行動、年輕職員心理的行動、營運倫理、管理領導者問題發現及解決、員工成長幫助、業務聯絡討論諮商、確保客戶尊嚴及支援協助。日本介護工作發展了介護理論活用、安全的健康管理（Safety and Health Management, SHM）、業務指示（Care Task Assignment, CTA）。介護（Care）的實踐是5S，包括整理、整頓、清掃、清潔、身美。除此之外，用TBM（Tool Box Meeting）、危險預知訓練（Hazards Prediction Training）和KYT基本法（K危險，Y預知，T訓練），將人類工學活用。介護管理者的責任包括組織營運、組織能力與評價、組織革新、管理技能強化、組織動態化（葛田一雄，2011）。

顧客在購買服務之前、中、後的消費過程中，每一階段的行為需求、問題點、從其中找到解決的方案，又稱為「顧客旅程」。在變動

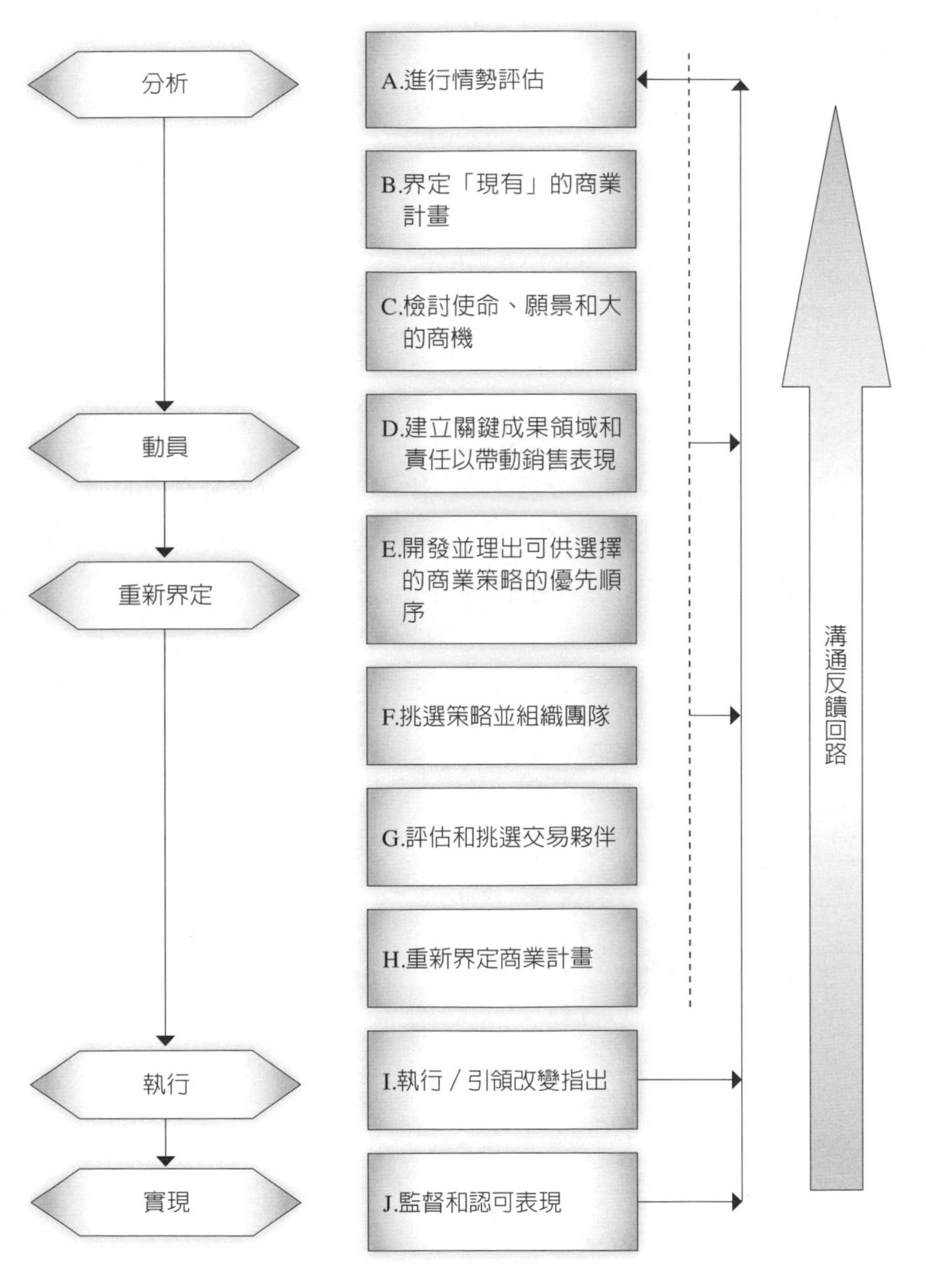

圖1-5 策略的發展

資料來源：陳瑜清、林宜萱譯（2004）。

快速的時代應迅速建立競爭優勢，從觀摩、詮釋、理解和創造中得到學習。再用目標管理五階段，來釐清主管與員工間的落差。目標管理五階段包括：

1.檢視目標。

2.設定個人目標。

3.觀察過程。

4.回饋獎勵。

5.評估（經理人，2017）。

服務工作要有熱情才會長久，找出這工作中讓你最喜歡的事是什麼，並用五力分析來想未來，不是分析現在，找出服務強項，且測試所有可能性。接下來導入計分卡四構面，如**圖1-6**所示。

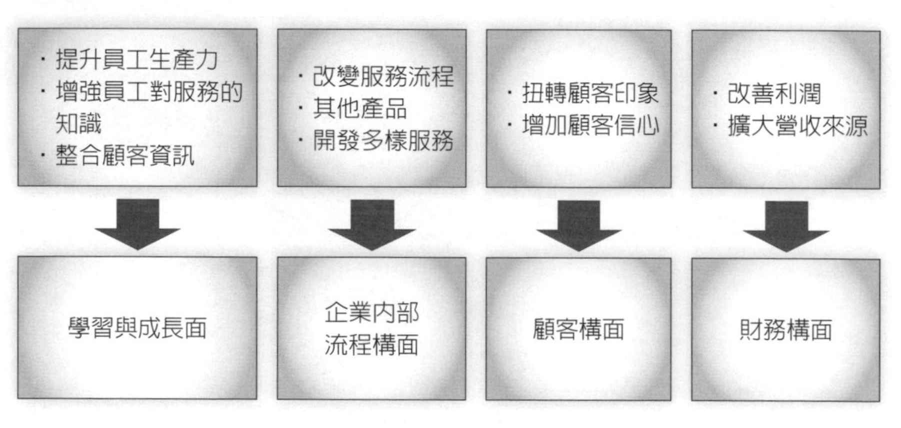

圖1-6　導入計分卡四構面

資料來源：經理人（2017）。

第二節 督導定義與特質

督導工作是具有專業統合能力及領導特質者，展現管理能力的工作。台灣目前的居家服務督導，多為執行政府補助案之工作人員配置，與民間人力仲介業者所做的居家業務樣態不太相同。督導工作在擬定正確的策略與目標、培養人才、達成績效目標、訓練人員並提供服務。督導人才的培育及督導工作實務所衍生的問題，是長照產業目前所面臨的問題。本節就督導定義來認識督導職務，及其能力養成的方法。

壹、督導定義

管理是管理者用現有資源來達成任務的方法，督導是居家服務工作中的管理者。督導如何做好既定目標，又能突破現有侷限，是管理者領導能力的表現。不論組織大小，領導管理是不可或缺的重要元素。組織領導已朝向有特質者的領導與對管理者的信任，團隊領導，因著個體決策、組織激勵、多向溝通，產生對組織的認同感與向心力（陳美蘭、洪櫻純、黃琢嵩、呂文正，2017）。督導既是管理者也是專業助人者，助人者的身分分為專業與業餘，社會工作是助人的專業，志願服務是業餘的助人。

助人者滿足個人的需求，使別人的生命因不同的需求，督導如何影響自己成為有效的助人者，或許你正在為某個人創造正向的改變，使他增強能力，並在其中得到滿足，你知道自己無法改變所有人，但當案主拒絕你的提議或幫助時，你仍會感到挫折失望。助人者的工作，是讓你找到人生意義的方法，但不是唯一途徑。如果你沒有學會為自己找到幫助，很容易在專業及情緒上感到無力。幫助案主的有用

指導原則是協助案主的過程，而非結果（黃慈音譯，2013）。

Taibbi（2013）認爲一個新加入者進入機構，會有不同個別改變和成長，督導應在不同階段給予差異化的目標和支持，以面對挑戰。**表1-5**顯示從知道或不知道角度區分督導階段。

學生在將學校所學，應用到工作上時，會遇到挫折並想放棄，現實社會中會碰到你怎麼努力都不回應的案主，你會懷疑助人生涯適合你嗎？此時要多給自己時間，慢慢將所學發揮在助人工作中，你將會得到輕鬆感並漸漸成爲理想助人者。以下就督導功能和督導能力，來看學生在成爲督導之前的培育方向。

表1-5　從知道或不知道角度區分督導階段

階段	階段一：知道你所不知道的	階段二：不知道你已經知道的	階段三：不知道你還不知道的	階段四：知道你所知道的
面對狀況	無法處理工作的困難	正在穩定下來，聚焦在過程，更多練習	盲點，生氣，依賴	當作同儕的督導／諮商者：個別／整合
督導角色	老師	引導者	保護者	諮商者
目標	・發展信賴及安全感 ・緩解志工焦慮 ・評估技能 ・落實機構任務	・會議過程管理 ・增加自我察覺 ・找出合適模式	・探索／經驗 ・維持分際 ・強化知覺	・解決困難 ・增加自我察覺 ・強化專業角色
職責	・教導技巧 ・觀察 ・發展方案	・角色扮演 ・協同處遇 ・練習撰寫報告	・團體督導 ・督導訓練 ・助理教導 ・延伸訓練	・擴大工作責任 ・創造帶領機會
挑戰和危險	・填鴨式教育 ・嚴格 ・耗竭 ・缺乏臨床經驗	・欠缺勇氣 ・僵局 ・界線模糊不清	・太自信 ・欠缺耐心 ・難以控制 ・雙重或複雜的關係	・厭倦／疲勞 ・沒有效率 ・督導和實務的界線模糊不清

資料來源：Taibbi, R. (2013).

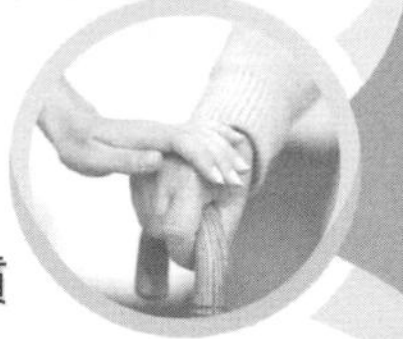

一、督導功能

督導功能即行政、教育與支持（劉軒麟，2013；Kadushin, 1992）。Hawkins和Shohet於1989年，將督導區分成四種類型（王文秀等，2003）：

1.師徒式督導：資深督導帶領並輔導資淺督導。
2.訓練式督導：教育訓練實習學生。
3.管理式督導：主管與下屬。
4.諮詢式督導：有經驗的執業者，提供諮詢的外聘督導（陳美蘭等，2017）。

二、督導能力

督導工作十分多元，且必須面對客戶、員工、主管、政府單位的評鑑與法規，因此個人特質、學校養成教育及工作中克服困難的心態，都是培養督導能力的方法及督導特質。

(一)個人特質

成爲助人者沒有特定模式與特定特質，每個人身上有不同的特質模式，過程中會經歷喜樂與各種挑戰。助人者（helper）與人群服務專業者（human services professional）所包括的實務工作者有社工、諮商師、臨床與諮商心理學家、伴侶及家族治療師、教牧輔導者、心理衛生護理師、復健諮商師及社區心理衛生工作者。當助人者進入專業領域之後，會面臨許多現實層面所產生的問題，若你對即將因應的事有概念，助人將變成一種人生態度，你將得到滿足與回饋，並協助他人創造自己的模式（黃慈音譯，2013）。

(二)學校養成教育

找出培養督導人才的方法，需設定用人策略及培育計畫，且須具備管理者的經營理念。在台灣，要成爲一個督導，已經不再受到畢業科系名稱，是否具有社工員或社工師資格的限制。一位具45個社工學分，400小時的專業實務實習者，即具備考社工師的資格。加上有一年以上的照顧服務實務經驗，在社工領域裡，必然可以在居家服務領域，展現自己的長才，勝任主管所交付的督導工作。社工、老服、護理、長照等相關科系畢業（可參考《老人居家健康照顧理論與實務》一書註10-1）且兼具實務經驗的居家服務督導（簡稱居服督導或居督），其能力的養成，可以從用人策略來規劃。

(三)工作中克服困難的心態

Marianne Corey分享他早期的經驗提到，他總是對人們表面行爲背後的部分感到興趣，他相信願意改變就可以展現更好，他的生命中克服了許多障礙，超越夢想，他用這些來鼓勵案主不要太快放棄，幫助他們因著自己的選擇勇敢冒險，面對不確定性，成爲更豐富生命之人。Gerald Corey則分享他早期的經驗，他提到他自己擔心說錯話，而無法適切的表達，他想模仿督導應對的方式，思考督導會怎麼說？督導會怎麼做？督導的手勢、用詞、習性、風格。後來他發現，自己若沒有挑戰自己的恐懼與自我懷疑，就沒辦法帶案主面對挑戰（黃慈音譯，2013）。

當一個成功的督導，在與個案相處及替其處理狀況時，不僅要有熱忱服務意願，且要有專業能力，眞心的去瞭解。「僱用看態度，技術靠訓練」，是培育新人的口語指標。在服務過程中，瞭解每一個客人，給予最好的照顧，滿足客戶的照顧需求，注意客戶需要什麼。專心傾聽、同理、保密，案主或對話者會很自在的聊天及討論私人問題。因此，選擇居家服務督導人才，要從照顧服務員中選出，具備照顧服務實務經驗者，在處理工作上客戶與服務員兩方之調節溝通上，才有經驗值可作判斷處理。在督導的工作上，突破自己的障礙，消弭客戶的抱怨，將服務員的負面情緒轉正。主管負責配置可靠的人員到第一線工作、商品及財務根基，達成培養高階管理團隊願景。

找對了人，就不需要太過於操心激勵與管理員工的問題。不管未來前景如何，要永遠保持「隨時應變」、「隨時轉型」的準備，凡事要「順勢而爲」。Collins在《從A到A⁺》中指出，如果以開巴士來比喻企業經營，我們是應該先找對的人上車，要求不適合的人下車，接下來是弄清楚車子該開往哪個方向。這種反傳統的用人術，不固執的人，較能體恤同事，建立共識。企業有了卓越的願景和偉大的策略，若沒有卓越的人才，也是枉然。因此人力資源管理中有八個訓練人才的方向（中央大學企業管理學系，2005）：

1.工作設計與工作分析。
2.招募與甄選。
3.訓練與發展。
4.績效管理與薪酬。
5.離職管理。
6.員工關係。
7.策略性的人力資源管理。
8.人力資源管理的發展趨勢。

美國現今醫療照護輸送系統叫做「照護體系」（managed care），由第三方付款人調整和控管服務提供的期程、品質、成本及期限。但專業分級並未控制成本上升，而被醫療保險行業控制，在照護環境下，重點應是對案主的問題提出相對快速的評估，以及設計短期處遇，而這些處遇是爲了讓案主減緩問題的症狀，並非去加強自我探索達到長期行爲改變。助人者會被期待在少數次的見面後發展出具體行爲改變的處遇，短期處遇（brief interventions）強調時間限制、問題解決焦點、有結構及有效的策略，讓案主達到他所希望的具體行爲改變。除此之外，助人者還要參加一些預防方案，比如壓力管理、健康計畫等（黃慈音譯，2013）。

當面對棘手個案時，如何瞭解轉介的時機與方法，美國社會工作人員協會（National Association of Social Workers, 2008）提供轉介的準則，社工人員在考量個案需要其他專業人員的專業知識與技術的完整服務，或是當社工人員認爲自己無法發揮效能，或提供個案產生合理性的工作進展，以及其他額外所需要的服務時，應將個案轉介給其他專業人員（National Association of Social Workers, 2008）。

貳、督導管理特質

習慣的養成，可以影響一個人的命運、健康及生活。想法、行動、習慣、性格、命運，這五個改變行動步驟，可以激發一個人養成領導者的實力（陳亦苓譯，2014）。督導管理特質，可以藉用想法、行動、習慣、性格、命運此五力來協助自己，成爲更好的領導管理者。此外，運用科學管理方法，來協助管理工作的效率提升。例如，設立SOP作業系統，以服務品質管理技巧，不斷的持續檢視、分析、改善行政缺失。透過品質管理方法，完成品質管理的目標，透過SOP標準作業流程等品質管理技巧，協助組織不斷提升服務品質。督導可以用品質管理與專業分級，來完成工作與自我提升。

督導行政流程標準化及服務品質管理建置，照顧服務員之工作專業技能提升與專業團隊整合，並符合評鑑指標要求，都是服務品質提升的影響因素，也是督導管理工作的範圍。管理者必須先瞭解團隊工作人員的主觀感受與經驗，提升個人及團隊的工作領域專業度，設定工作品質指標評估機制，找到提升管理服務品質的創新方法。實務工作上產生的問題，需設計改善方案，訂定改善時程，並藉由評估、溝通、訓練等多元管道，定期檢視實施成效。

有效溝通是誠實、尊重、互信的溝通。督導人員可以藉由有效溝通訓練，包括說話、行動、傾聽等，以下六個步驟，訓練溝通技巧。步驟一爲信實，步驟二爲技巧，步驟三爲方法，步驟四爲互動，步驟五爲回應拒絕，步驟六爲傾聽。以下分述各步驟進行訓練的方法，如**表1-6**所示（莫策安譯，2009）。

每個人都可以在學習中創造意義，學習過程是一種投資，參與學習並明白學習與專業的連結，在工作中讓投資有收穫，並享受這個學習過程，學生應把學校當成是學習成長準備面試的訓練平台，投資並建立各項能力、機會、名聲及特質（黃慈音譯，2013）。有助益督導者的人格特質，有以下十七點：

1.關注臨床、法律及倫理議題。

2.具備良好的臨床工作技巧。

3.在行爲上展現對人的同理、尊重、眞誠及傾聽。

4.建立具接納的督導氛圍。

表1-6 有效溝通訓練

步驟	訓練方法
步驟一：一言既出，駟馬難追	簡單列出腦海裡常用的詞彙
步驟二：沒有說出口的話——非口語溝通	寫出自己應該改善非語言溝通技巧
步驟三：遣辭用句，有條有理	回想自己說話的語法，列出有待改進的部分
步驟四：問對問題，給對答案	列出平日與顧客間的互動聯繫，可能會使用到的開放式及封閉式問題
步驟五：顧客拒絕時	想想最近顧客拒絕你所提議的案子，利用問話技巧，寫下你覺得應該如何來處理
步驟六：傾聽！傾聽！傾聽！	寫下如何改善自己傾聽技巧的計畫

5.以信任及尊重的態度建立督導關係。

6.在確認受督者的專業發展程度，以及思考提供對受督者來說最有幫助的督導方式上，是具有彈性的。

7.具備幽默感。

8.設立清楚的界線。

9.鼓勵受督者適時地挑戰自我。

10.認同合作性的督導歷程。

11.尊重受督者在督導時所提供的知識。

12.欣賞每位受督者的差異，以及對理論不同的看法。

13.具開放、易親近及支持的特質。

14.對於訓練及督導具有強烈的興趣。

15.敏感於受督者的焦慮及脆弱。

16.視督導時間爲「保護受督者」的時間。

17.提供眞誠及有建設性的回饋。

引導老人身心靈健康之長期照顧服務是未來的趨勢，督導應本著組織的願景和使命，來達成年度目標及績效。以伊甸基金會附設迦勒居家照顧服務中心爲例，其特色爲「迦勒中心本著雙福的精神，增加就業機會，訓練健康引導人員，提供社區居家服務，讓被照顧者得到最適切、最貼心的身心靈健康照顧服務」。具備領導管理特質的督導，要將組織持續不斷地改進，並建立SOP作業服務流程，確實進行個人及組織的在職訓練。成功適任的督導人才，在管理上是一個領導者，在生活中是一位健康管理者，在生命的成長上是學習實踐者。

第三節 長期照顧產業經營與管理

106年度因應政府調整基本工資及一例一休政策，長期照顧產業經營與管理，面臨新的收費計算及人力任用問題，其影響包括成本計算、收費計算、排班方式及人力任用等。產學合作是近年發展的重要目標，以期讓學生學以致用且順利就業。長期照顧產業一直努力在中高齡就業的人力資源產出，及推動服務品質提升，和專業技能培養的目標。一直以來，都以服務社會爲主的非營利組織，所經營的長期照顧產業，也面臨營利組織參與長期照顧產業經營與管理的競爭局面。也因此，在長照2.0開辦實施之後，長期照顧產業工作目標，將能提供更多元的服務項目給更多需要的人。

從國際上各國高齡化速度的比較來看，介護預防事業健檢，是近年來疾病預防的推廣項目。日本在二十四年間變成高齡社會，高齡化速度，比英國快大約2倍，比美國快大約3倍，如**表1-7**所示。台灣自1993年後，老人人口已經超過台灣總人口的7%，2016年65歲以上老人人口已經超過台灣總人口的13.2%，以此數字推算，在國際上高齡化速度的比較，與日本相近，而日本比台灣早二十四年達到14%的門檻，人口總數卻超過台灣5倍之多，而日本65歲以上人口數爲3,342萬人，比台灣的總人口數還多。

台、日、韓是世界人口老化速度最快的國家，預估老人人口比率從7%的高齡化國家上升至14%的高齡，可從**表1-8**看出。而台灣與韓國達到超高齡只要八年，日本卻是十二年，即台灣於2017～2025年，韓國於2018～2026年，日本於1994～2006年。從**表1-8**可以觀察亞洲國家老人人口比率從7%的高齡化國家上升至14%的高齡之經歷年數。**表1-9**則可以看出台灣老年人口比率，在2017年超過14%，達到高齡國家人口老化指數門檻。

表1-7　高齡化速度的國際比較

國家	高齡老人口的到達年		所要年數（年）
	7%	14%	
日本	1970	1994	24
法國	1865	1979	114
瑞典	1890	1972	82
德國	1930	1972	42
英國	1930	1976	46
義大利	1935	1990	55
美國	1945	2014	69

資料來源：林萬億（2012）。

表1-8　亞洲國家老人人口比率從7%的高齡化國家上升至14%的高齡

國家	經歷年數	起迄年
韓國	18年	2000～2018
日本	24年	1970～1994
台灣	24年	1993～2017
中國	27年	2000～2027

資料來源：林萬億（2012）。

表1-9　台灣老年人口比率

年份	老年人口比率	人口老化門檻
1993	7%	高齡化國家
2012	10.91%	
2014	12%	
2017	14%	高齡國家
2021	17%	
2025	總人口1/5	超高齡國家
2030	總人口1/4	
2043	總人口1/3	
2060	40%	80歲以上老人占老人人口44%達到344萬人

資料來源：林萬億（2012）。

近年來政府相關部門，包括內政部、衛生署、勞委會、行政院、教育部，爲因應人口老化在1998年到2012年所做的努力，從成功老化的概念崛起，到活躍老化的政策執行，如**表1-10**所示。最近幾年來，歐美國家推行「超越老化」思維，身心靈健康提升的活動，漸漸由民間組織推廣開來。政府鼓勵長者多工作幾年，多參與一些志工服務，或多參加學習與社會活動，甚至推行銀髮就業，創造銀髮人力資源。

台灣自長照2.0後的「居家服務經營與管理」發展趨勢，可以參考日本介護保險制度下，蓬勃發展的長照產業。居家服務經營與管理包括財務規劃、人力資源、工作內容。

壹、居家服務經營

爲配合衛福部105年起所規劃之長照2.0居家服務支付計畫，以及政府自105年12月23日起，開始執行一例一休政策，加上部分服務員，伸張勞工特休假權益問題，爲因應政策及衡量收支成本計算，居服員薪資結構可反應薪資制度及收費標準，一方面符合服務員的期待之外，也不會造成組織成本支出的負擔。

一、成本計算與收費標準

收費結構計算包括服務營運、服務支付及相關成本計算，雖以時薪制計算工作天，但受到一例一休等法規對成本結構的影響，對應長照2.0服務支付規劃之支付計入成本項目，包括人事成本（薪資、勞健保、勞退）、聘用居服督導所產生的行政管理及人事成本、房屋設備折舊、維修費用、耗材、事務雜項等，來計算支出成本。以下就成本分析及收費標準分析及計算，來規劃薪資給付方式及收費標準，並進而規劃建置服務分級制度。

表1-10　因應人口老化政府所做的努力

政府單位	年份	方案	目的
內政部	1998	推出「加強老人服務安養方案」	加強老人生活照顧 維護老人身心健康 保障老人經濟安全 促進老人社會參與
	2002～2007	修正「加強老人服務安養方案」	
	2009～2011	核定「友善關懷老人服務方案」	活耀老化 友善老人 世代融合
衛生署	1998～2001	推出「老人長期照護三年計畫」	
	2001～2004	新世紀健康照護計畫	
	2005～2008	全人健康照護計畫	
	2007	社區老人健康促進	資源整合式的社區老人健康促進模式
	2009～2012	老人健康促進計畫	
	2010～2011	高齡友善城市指標建立與導入計畫	委託成功大學執行
勞委會	2008	高齡社會勞動政策白皮書	活力老化 生產老化
行政院	2008	我國人口政策白皮書	支持家庭照顧老人 完善老人健康與社會照顧體系 提升老人安全經濟保障 促進中高齡就業與人力資源運用 推動高齡者社會住宅 完善高齡者交通運輸環境 促進高齡者休閒參與 建構完整高齡教育體系
教育部	2006	邁向高齡社會老人教育政策白皮書	終身學習 健康快樂 自主尊嚴 社會參與

資料來源：林萬億（2012）。

(一)成本計算

成本計算應包含年終、年節獎金之提供等「年度福利」，成本計算項目包括三節獎金、辦公室費用、餐費、保險等，如**表1-11**所示。

(二)收費標準

綜合成本計算後所對應之收費標準，以每人每月工作22個工作天，每天工作8小時，含人事費、督導費、行政管銷等成本，可以算出每小時收費基準。

◆自費型服務收費

按照自費型服務收費，照顧服務每小時不低於250元，收費約300～350元間。家事服務專案之收費，則每小時不低於250元，收費約350～400元間。給薪方式則按照各單位年度福利計算，一般介在170～250元間，即使剛進入單位工作新手服務員或工讀生，因基本工資調漲之故，薪資亦不能低於勞基法所規定之基本工資所換算之時薪給薪。

表1-11 成本計算

No.	項目	No.	項目
1	年終獎金	11	健康檢查
2	端午獎金	12	督導費用
3	中秋獎金	13	郵資
4	考核獎金	14	辦公室水電
5	團保	15	辦公室房租
6	住院醫療及癌症險	16	辦公室電腦
7	第三責任險	17	教育訓練
8	尾牙餐費	18	餐費及加班費
9	特休假	19	稅金
10	勞健保勞退	20	其他

◆政府補助型服務收費

衛生福利部社會及家庭署106年度推展社會福利補助經費申請補助項目及基準，第肆項老人福利中，有關服務對象、失能程度界定，依我國長期照顧十年計畫2.0規定辦理。政府補助比率，低收入全額補助、中低收入補助90%，一般戶補助70%。服務對象經長照中心判定「長照需要等級」（參考第四章**附件4-8**）、「給付額度」（參考第四章**附件4-8**）及「照顧問題清單」（參考第四章**附件4-7**），長照中心進行服務連結時，應一併提供給單位，作爲長照機構擬定「照顧計畫」及「照顧工作表」使用（參考**附件4-3**）。單位服務人數每滿60人，增設督導員一職。服務項目分三類，第一類是身體照顧服務，第二類是日常生活照顧及家事服務，第三類是居家陪伴服務。

台北市居家服務收費標準，依照收入別分成三種收費自付額，但收費皆以每小時250元爲基準。至於國定假日之補助時數、提供居家服務經費及民衆自行負擔，參考台北市社會局居家服務契約書範本所訂之收費及補助標準。給薪方式則按照各單位年度福利計算，一般介在170～200元間。參考**表1-12**台北市居家服務收費標準。

二、專業服務分級

服務分級之規劃與建置，是在因應成本及收費。在客戶端，對應客戶需求而有不同的收費標準。在服務端，對應服務員服務提供之不

表1-12　台北市居家服務收費標準　（元／小時）

身分別	□低收入戶 □中低收入戶 □領取中低老津7,200元		□領取中低老津3,600元 □非列冊低收入身心障礙者生活補助		□一般戶	
	政府補助	民衆自付	政府補助	民衆自付	政府補助	民衆自付
費用	250	0	230	20	190	60

資料來源：台北市政府社會局（2017）。

同，而有不同的薪資結構。按照規劃原則、照顧需要等級，制定收費標準，並依照服務評估需求（照顧服務清單）簽訂服務契約書（照顧計畫），分成四種服務等級和收費方式，提供照顧服務、家事服務、備餐服務及其他照顧相關服務，依照客戶端所需要的服務及時數，安排合適的服務員進入居家服務體系，提供身心靈健康提升之照顧服務。

107年起，不論是政府補助派案或是自費服務單位，因應收費方式及服務內容的改變，對於現有自費客戶，應重新簽立服務契約書，以符合收費標準及服務內容，完成各項服務提供。故自107年起之服務分級及居家照顧服務之收費標準，皆已有所更動，以下以迦勒中心之自費型服務和政府補助型服務爲例，提供之服務如下所示。

(一)單一案主服務

◆自費型服務

1.A級照顧服務：服務時間8小時。B級服務加移位或管灌等。

2.B級照顧服務：服務時間8小時。主要爲C級服務加洗澡項目。

3.C級照顧服務：服務時間8小時。主要爲居家陪伴、簡易家事。

4.其他服務：服務時間8小時，收費以專案方式處理。

◆政府補助型服務

依照衛生福利部公佈的「長期照顧的整體政策藍圖」，「長期照顧服務法」將自106年6月3日施行，衛生福利部（2017）規劃長照2.0服務體系之建構，政府補助型服務，於106年起，建置創新服務營運模式，發展新型支付制度。

1.掌握需求及盤整資源，掌握區域內需求人數，盤整照顧資源，爲建構服務網絡預做規劃。

2.建構社區服務網絡，提供綜合照顧服務，包括社區預防、照顧

以及在宅醫療等多元服務項目。

3.發展專業人員定點服務，由專業人員（如醫事人員、社工人員、照顧服務員等）進駐B級、C級單位，提供技術支援、諮詢服務，提供定點服務。

4.提供交通車接送服務，提供定時巡迴交通接送服務，串連區域內A-B-C資源，提供彈性多元服務。

5.推動「包裹式」的支付方式提供服務，服務使用者可於補助總時數（或金額）內彈性使用「A-B-C」單位提供的多項長照服務。

(1)A級：社區整合型服務中心——長照旗艦店，提供套裝式服務，讓橫向的資源得以整合，與多元的服務對象之需求可被滿足，擴增與整合現有服務內容，透過交通車小區域巡迴接送與隨車照服員，協助服務對象使用各項照顧資源。提供日間照顧、居家服務、社區及居家復健、居家護理、臨時住宿、交通接送、輔具服務、營養餐食服務，至少五項服務。

(2)B級：複合型日間服務中心——長照專賣店，除日間托老服務，亦提供預防失能服務、輕度失能復健、體適能及諮詢服務的場域，至少兩項服務。

(3)C級：巷弄長照站，提供最可接近性的短時數照顧服務或喘息服務（臨托服務）、共餐或送餐服務預防保健。

(二)時數收費型服務

◆自費型服務

1.居家陪伴照顧服務：主要以照顧和家事爲主。每單位服務時數至少3小時到4小時，一天以8小時爲主，不超過12小時。

2.居家專業照顧服務和家事爲主之外，案主有移位、洗澡、管灌等專業照顧服務需求。此外，交通遠近及服務日期間距也在此

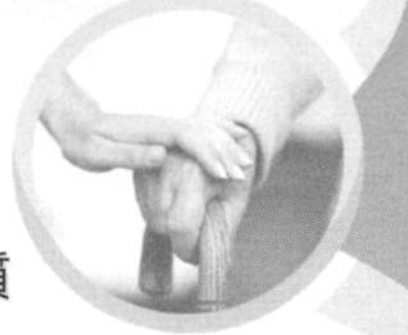

服務範圍。每單位服務時數至少3小時到4小時，一天以8小時爲主。會評估工作時間之前後一小時，爲交通特別補貼時數。

◆政府補助型服務

每次服務時數至少1.5小時，每日補助上限爲6小時。補助時數依每週核定頻率，以月使用5週核定總時數額度，實際服務時段需視居家服務單位實際可提供服務人力爲準。超出每月補助款上限部分須自費購買。申請居家服務者，不得領有社會局中低收入老人特別照顧津貼、聘僱看護（幫傭）。

(三)服務時間的限制

1.日服務收費者，每日如須延長服務時間，最長每日4小時。

2.每週服務5天，仍維持至少7休1制度，若第六天需加班，因應「一例一休」政策，第六個工作天，每加班1小時，以加班4小時計。

3.每月加班時數不超過46小時。每月服務時數不可低於65小時。

4.以排班制因應客戶端服務時數需求，並符合勞基法，及因應「一例一休」。

服務分級的實施，在促進專業能力提升及對應客戶服務需求程度的收費原則，在經營管理上，會有其相對複雜性，但對於服務中心之人力資源有效整合，分級分類服務及收費，應是經營上的創新。

貳、居家服務管理

居家服務組織經營管理漸趨向專業服務及專案管理模式，在成本計算後，設計趨向長照2.0服務收費、薪資給付及服務提供等項目，而產出的經營管理目標、經營項目統整及問題解決方式。組織目標、部

門目標及個人目標的設立，對組織發展方向的一致性有所助益。長期照顧整合型計畫，在就業媒合、產學合作及人才培育，提供進階的專業能力再造。

一、長照2.0實施策略對居家服務發展的影響

長照2.0提供多目標社區式支持服務，建立關懷社區，發揮社區主義精神，讓失能的國民可以獲得基本服務。長照2.0實施策略有以下十項（衛生福利部，2017）：

1.建立以服務使用者為中心的服務體系：整合衛生、社會福利、退輔等部門，排除部門各自為政的弊端。

2.培訓以社區為基礎的健康與長期照顧團隊：向前銜接預防失能、向後發展在宅臨終安寧照顧，以期壓縮失能期間，減少長期照顧需求。

3.發展以社區為基礎的整合型服務中心：以在地化原則，提供失能者綜合照顧服務；並藉由友善APP資訊系統及交通服務，降低服務使用障礙。

4.提高服務補助效能與彈性：鬆綁服務提供之限制、擴大服務範圍、增加新型服務樣式、提高服務時數，以滿足失能老人與身心障礙者的長期照顧需求。

5.鼓勵服務資源發展因地制宜與創新：透過專案新型計畫，鼓勵發展創新型整合式服務模式，並因地制宜推動維繫原住民族文化與地方特色之照顧服務模式。

6.開創照顧服務人力資源職涯發展策略：透過多元招募管道、提高勞動薪資與升遷管道，將年輕世代、新移民女性、中高齡勞動人口納入，落實年輕化與多元化目標。

7.健全縣市政府照顧管理中心組織定位與職權：補足照顧管理專

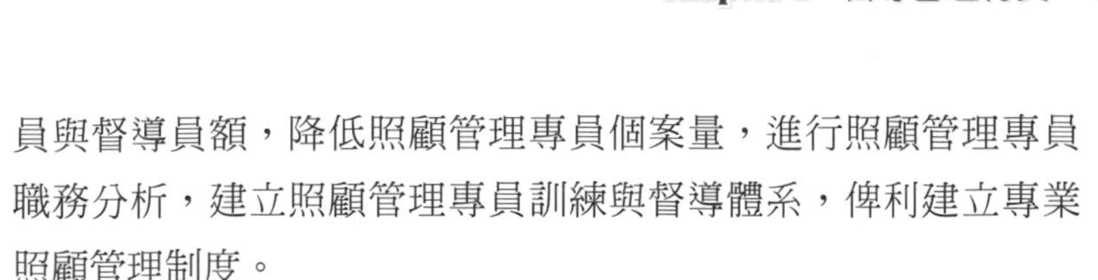

員與督導員額，降低照顧管理專員個案量，進行照顧管理專員職務分析，建立照顧管理專員訓練與督導體系，俾利建立專業照顧管理制度。

8.增強地方政府發展資源之能量：縣市應推估鄉鎮市區需求人口分布，盤點鄉鎮市區長期照顧資源，釋出在地可用公共空間。定期分析各縣市鄉鎮市區長期照顧服務需求、服務發展以及使用狀況。透過資源發展策略縮短照顧需求與服務供給之落差，且與服務提供單位共同研商品質提升機制。

9.強化照顧管理資料庫系統：分析與掌握全國各區域長期照顧需求與服務供需落差，與地方政府共享，作爲研擬資源發展與普及之依據。

10.建立中央政府管理與研發系統：落實行政院跨部會長期照顧推動小組之權責。成立國家級研究中心，發揮管理與研發功能，以供政策修正與調整之依據。

二、居家服務組織永續發展目標

居家服務組織爲其永續發展，應設定組織目標、部門目標和個人目標，以中心宗旨及執行方針來完成年度計畫目標，達成組織之使命及宗旨，完成服務社會爲理念的目標。

(一)組織目標

以伊甸基金會爲例，基金會以發揮基督耶穌愛人並服務人群的心，舉辦福利服務爲目的，辦理或獎助、捐贈特定團體與個人，致力與本國、兩岸與國際身心障礙、老人、婦女、青少年、原住民、外籍配偶、重大疾病患者、弱勢等對象及家庭，社區之社會服務及衛生福利事項。而其組織目標環繞在其章程的各項服務工作範圍，使其符合基金會的主張及設立之宗旨、使命及願景與捐助者之期待。

(二)部門目標

以伊甸基金會附設迦勒居家照顧服務中心爲例，部門目標在完成迦勒中心成立宗旨，就是本著雙福的精神，提供就業機會，訓練健康引導人員，創新居家服務模式，以客戶需求及提升身心靈健康爲前提，提供各項居家服務。

(三)個人目標

組織內從主管、督導到服務員，都應設定個人目標，分層負責及執行工作目標，完成工作產出。主管設定中心工作目標，每月會議確認工作執行進度及協助檢討問題點等。督導完成工作目標，每月做至少兩次目標的檢視等。服務員完成居家服務工作，提升服務滿意度及完成考核事項中之各項規定等。

三、長期照顧整合型計畫

照顧服務工作包括照顧服務、家事服務、備餐服務、認知訓練、健康操、運動引導、活動帶領、失智症關懷輔導、心靈成長活動、音樂認字活動、陪同回診、陪同洗腎等。長期照顧整合型計畫，在政府派案方面，需依照相關單位評鑑指標完成工作。而迦勒中心的照顧整合型計畫，除依照客戶端的需求來設計開展，加入身心靈提升工作之外，參與產學合作之後，可運用學生人力。在中高齡婦女就業方面，持續關懷與專業增長。在督導人力培育方面，增強認同感及感動服務的正向服務與思維，在中、長程發展計畫中，開發社區服務模式。

(一)長照保險制度下的服務轉型

長照2.0下的「長照需要等級」（參考第四章**附件4-8**），將居家服務分成八級，五個分級元素爲ADLs失能狀態、IADLs失能狀態、失智症、情緒問題行爲和特殊照護。長照2.0下的居家服務給付額度，建議

時數最高為60小時，等同於每週5天，每天3小時的自費服務。而與基本工作時數176小時相比，案主仍有116小時需要被服務。按照自費型服務來看，可以填補長照2.0下，服務時數不足的116小時。再細看服務提供比例，長照2.0提供1/3，自費服務提供2/3。但此同時，許多非營利組織也開始經營自費服務，如何在收費與服務間，擁有競爭實力，在規劃研究發展方向的同時，從人口密集社區再行動，也是必要的。

(二)照顧服務勞動合作社的發展性

廠商特約制的可行性，與勞動合作社的發展性，對長照產業來說，有相對的優勢與風險。但面對勞基法修法，落實週休二日政策及服務員勞工意識高漲，勞保等福利造成成本增加等問題，若要減輕服務所造成的營運負擔，確實可以發展廠商特約制與勞動合作社的服務提供模式。非營利組織本身要面對社會觀感的挑戰，因此規劃服務專案時需更謹慎。

歸納成本計算後所對應之收費標準，及經營管理計畫中，現況分析、服務型態，和未來發展可能性，許多問題在探討後的檢視與解決之道，才能引導未來的服務型態，傳承、創新並與長照2.0接軌。契約的調整、獎勵制度和制度改變，能否降低人力流動率等，都是近年來居家服務機構面對的問題。長照2.0時代後的服務型態，因應台灣長照計畫及勞動條件的改變，人力資源的貧乏，在校生的培育著力點不足等，在短時間內補足照顧服務人力，需要政府各部會配合長期照顧產業多元的社區式服務發展計畫，才有辦法整合一個適合台灣，參酌各國介護發展後，簡單易懂且可嘉惠於民的福利服務。

參、提升專業能力與服務熱情的教育訓練

教育訓練是提升專業能力與服務熱情的管道，不論是職前訓練、

考核培訓、定期教育訓練，都是培育人才的課程。在課程中，參與者與講師的互動、課後功課的練習與討論，可以看出一個人才的能力。相關科系學生、中高齡人力、銀髮人力，是近年來照顧服務人力資源來源，然而如何從照顧服務人力的教育訓練中，培育出專業人力及優秀人才，是照顧服務人力教育訓練設計的方向。

一、在校學生就業問題

畢業即就業，是每個大學生的目標，老人服務事業、社工、長照等相關科系學生，在大三就開始寒暑假實習，實習前面試、實習中訓練、實習後任用，成爲兼職或正職人力，都是寒暑假實習與產學合作可以創造出來的人力資源。

產學合作計畫

經國管理暨健康學院高齡照顧福祉系（106學年前仍稱爲老人服務事業管理系）於105年申請教育部第二期技職教育再造之再造技優計畫，包括「長期照顧教學中心技優人才培育計畫」、產業學院「長期照顧專業人才養成學分學程」及教育部補助技專校院辦理「實務課程發展及師生實務增能計畫」，共三項計畫案，藉由老服、社工相關科系本位課程規劃，及學校專業教師的資源投入，配合產學合作與實習，輔導學生熟練專業技能，精進實作能力，爲老人服務產業培育專業化、實務化全方位高齡服務專業人才。產學合作方式包括：業師協同教學、校外教學參訪、專題講座、專題製作、實習、工讀及實習規劃等。培養老人社會工作、老人照顧、健康促進、行政管理、行銷規劃等專業能力，全方位提升學生之就業競爭能力，符合國家老人產業及長照體系發展需求。

二、老人產業發展與就業現況

根據衛生福利部（2017）最新資料顯示，專科以上設有老人照顧相關系、所、學位學程、科之學校已有45所。由勞動部核發技術士證。目前爲止合格人數32,706人。由地方政府核發結業證明書。目前爲止培訓11萬人。依盤點結果，照顧服務人力計26,214人，倘加計醫院12,000人，總計爲38,214人。任職場域居家服務、日間照顧、家庭托顧三種照顧服務。其他則分別任職於小規模多機能服務、團體家屋、喘息服務、老人福利機構、護理之家和醫院。以長照2.0服務能量推估，106年照顧服務員尚需補足4,525～12,211人。因此，照顧服務人力職涯發展顯得更爲重要。除居服督導員、照顧服務員的薪資提高以增加人力之外，另增設指導員及居家服務失智照顧補助。居服督導員資格門檻爲專職照服員5年以上者，或社工、護理及老照等相關科系畢業者。工作內容爲個案協調與照顧服務督導。薪資待遇在33,000～37,000元。照顧服務員資格門檻爲90小時訓練或學校養成取得技術士證。工作內容爲失能者身體及日常生活照顧。平均薪資待遇爲25,000～30,000元。指導員每月額外加給每個個案350元，資格門檻爲具技術士證三年以上年資。工作內容爲照顧技巧指導與諮詢，薪資待遇則爲每小時350元。居家服務失智照顧補助資格門檻爲受過20小時特殊訓練，薪資待遇爲指導員每月額外加給每個個案350元。

老服系課程規劃及事務能力提升、產學合作及學生校外實習規劃合作方式和業界專家協同教學與課程規劃，讓學生在產學合作中培育人才。另外，像業師協同教學、校外教學參訪、專題講座、專題製作、實習、工讀、實習規劃，都是產學合作細項規劃項目。長照十年計畫1.0與2.0之比較，只有居家照顧和日間照顧服務（含失智）增加，參考**表1-13**。

表1-13　長照十年計畫1.0與2.0之比較

項目	104年（1.0）	105年（2.0）	未來發展預估
居家照顧	45,173	45,887	增加
日間照顧服務（含失智）	3,002	3,248	增加
家庭托顧	200	182	
輔具購租及居家無障礙環境改善	7,016	3,348	減少
老人營養餐飲	5,520	5,409	
交通接送（人次）	57,618	24,319	減少
長期照顧機構	3,426	3,670	
社政項目合計	121,955	86,063	
居家護理	23,975	9,663	減少
社區及居家復健	25,090	10,955	減少
喘息服務	37,346	17,431	減少

資料來源：經國管理暨健康學院老人服務事業管理系105年產學合作計畫。

寒暑假實習可以提供機構找到合適的人才，也讓學生在實習期間，找到未來就業機構。以伊甸社會福利基金會附設迦勒居家照顧服務中心的「實習前通知」爲例，可以看出學生實習內容及學習概況。

三、中高齡人力資源及銀髮人力再造

「銀髮人才資源中心」是勞動部開辦的就業媒合單位，對有意願再就業之銀髮者，提供各項職業訓練課程資訊及服務，彌補銀髮勞動力專業能力不足之處，增加銀髮就業管道，使銀髮勞動力與就業市場接軌，以利其再重新投入職場，提高我國勞動力參與率，同時增進銀髮者的工作及生活知能，使銀髮者的晚年生活透過再就業更加充實及豐富。對象爲年滿55歲以上有就業需求者，及已領取軍公教養老給付、勞工保險老年給付、公民營事業退休金、勞動和基準法退休金或勞工退休金條例退休金者。參與者學習到專業技能，瞭解居家照顧服務的工作內容、服務樣態，並在其中找到合適的人力，增加銀髮就業能力。

伊甸社會福利基金會附設迦勒居家照顧服務中心「實習前通知」

本次實習，將由督導協助各位行政文書及專業學習，在學習進行前，請同學們預備心來準備實習前應準備及應注意的事項。

1.首先，在實習工作方面，請各位準備一個檔案夾，將學習前中後的各項資料放置在檔案夾中。
2.工作進行期間，要隨時準備紙筆作記錄，工作日誌每週交給督導，並請督導簽名或蓋章，並提供建議。
3.工作之穿著以輕鬆但不隨便為主，穿布鞋以保護腳的安全。
4.參訪間若欲以拍照方式作記錄，一定要與督導溝通，且與案主或當事人溝通並得到書面同意，始得進行拍照。
5.工作進行間，請表現工作專業度，不可大聲喧鬧，不遲到早退。
6.工作間凡事需先告知督導，請督導協助，盡力完成工作。
7.工作產出之檔案及成果簡報，提供一份紙本及電子檔給本單位備存。

本次實習期間自____年____月____日至____年____月____，本次實習共六週，計____小時，實習內容包括：

第一週實習內容為觀察學習，大致工作為至案主家觀察服務員工作。
第二週實習內容為觀察學習，工作為至案主家觀察服務員工作。
第三週實習內容為資料收集，工作為收集照顧服務、社會福利等資料。
第四週實習內容為教育訓練，工作為協助教育訓練之工作準備。
第五週實習內容為家訪，工作為督導管理工作之觀察。
第六週實習內容為成果發表，工作為完成成果發表之簡報。

學校團體督導時間為____月____日，____月____日安排實習前工作說明，期待你的成果發表成功，未來滿載愛與能力，投入相關產業服務，為社會盡一份心力。

資料來源：伊甸基金會附設迦勒居家照顧服務中心。

銀髮訓練單位簡介包括中心特色、工作內容、工作區域、資格說明。以伊甸基金會附設迦勒居家照顧服務中心爲例，來說明就業計畫申請書之單位簡介說明。

伊甸基金會附設迦勒居家照顧服務中心就業計畫申請書之單位簡介說明

一、中心特色

迦勒中心本著雙福的精神，增加就業機會，訓練健康引導人員，提供社區居家服務，讓被照顧者得到最適切、最貼心的身心靈健康照顧服務。

二、工作內容

1.照顧服務：陪伴、復健、清潔沐浴、協助餵食或管灌等。
2.家事服務：居家簡易清潔、衣物清洗等。
3.餐食製作：準備餐食、飲食設計。

三、工作區域

台北市、新北市及北北基部分區域。

四、資格說明

1.具照顧服務員結業證書者佳。
2.或無證照、無經驗之二度就業且可接受培訓者。
3.或老人服務、社工、護理等科系大三以上學生或畢業生。

表1-14年度教育課程表（初階）和**表1-15**年度教育課程表（進階），提供居家服務單位教育訓練教育訓練參考課程表。

表1-14　年度教育課程表（初階）

月份	單元主題	課程內容	術科
1	老人餐食製作	膳食設計 食品衛生與安全	膳食製作
2	家事服務	清潔打掃物品說明 工作技能示範	辦公室清潔服務
3	照顧服務實務	照顧技能進階研習 All in One需求評估	居家工作 實務
4	服務品質管理	照顧服務品質提升方法Q&A	角色扮演——阿媽的一生
5	長青照護	老人常見疾病 老人疾病預防保健	基本生命 徵象測量

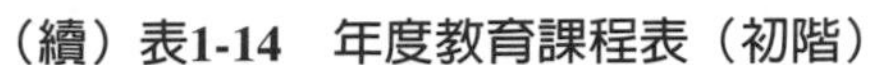

（續）表1-14　年度教育課程表（初階）

月份	單元主題	課程內容	術科
6	健康引導	老人健康促進 照顧專業技能探討	身障機構 工作實習
7	老人休閒與運動	健康操示範 被動復健運動	志願服務
8	老人學理論與實務	老化理論 老化現象	老化體驗
9	記憶與睡眠	抗老化養生 輔助療法的應用	輔助療法 實務應用
10	EQ與LQ	EQ與社交圈建立LQ學習智商	失智症與認知衰退預防
11	老化的課業	老人心理諮商概論 身心靈提升活動	量表評估、體驗活動
12	管理實務與應用	自我管理 健康管理實務	角色扮演——我是督導

註：單元8～12術科部分，增加認知訓練活動設計。

資料來源：陳美蘭（2015）。

表1-15　年度教育課程表（進階）

月份	單元主題	課程內容	術科
1	老年疾病的預防與治療	一、失智症的預防方法 二、腦中風的預防之道	手冊1
2	意外災害的緊急處理	一、意外災害的定義與預防方法、滅火原理與滅火器的使用 二、緊急逃生要領	手冊2
3	生活化的靈性健康照顧	一、靈性健康的意義 二、靈性健康照顧面向	手冊3
4	身體結構與功能	一、認識人體各系統的構造 二、說明人體各系統的功能	手冊4
5	人際關係與溝通技巧	一、增進溝通能力的方法 二、學習與慢性病人及其家庭照顧者的溝通技巧	手冊5
6	照顧服務相關法律基本認識	一、認識老人福利法等 二、瞭解照顧服務相關民法、刑法等概要	手冊6

（續）表1-15　年度教育課程表（進階）

月份	單元主題	課程內容	術科
7	照顧服務資源簡介	一、認識現有照顧服務資源 二、瞭解如何轉介與供給相關照顧服務資源	手冊7
8	家庭照顧需求與協助	一、照顧者減輕壓力的方法 二、尋求社區資源	手冊8
9	臨終關懷及認識安寧照顧	列舉安寧照顧的照顧重點	手冊9
10	照顧服務員的角色功能	量表評估	量表評估
11	管理者領導特質	量表評估	量表評估
12	督導工作實務	量表評估	量表評估

備註：手冊是指《老人居家健康照顧手冊》

資料來源：陳美蘭等（2017）。

長照2.0於106年6月3日執行後，也特別在外籍服務員的教育訓練上，訂定了課程大綱及課程內容，稱爲「外國人從事家庭看護工作補充訓練課程」。課程類別分別有「身體照顧服務」、「日常生活照顧服務」、「家事服務」、「文化適應」、「溝通技巧」、「生活會話」、「職業安全、傷害預防、失能者保護觀念及其他權益保障」及「其他與失能者照顧服務相關課程」八類，並再依照類別分成28項，及各課程主題，每項次授課1小時。其中24～27項次，必須爲醫護背景之講師資格（**表1-16**）。督導訓練課程應有部分講師訓練，讓學生在台上充分演練及學習備課，在未來進入就業職場時，才能發揮各項所學專長於教育訓練中。

成功的教育訓練，重在事前準備充足，可以讓訓練人員對訓練內容駕輕就熟，並且有自信、不疾不徐地去執行。事前的準備工作內容包括確認訓練需求、定義學習成果、計畫教學方法、設定教育訓練的時程進度、心理調適、布置教室環境，以及追蹤後續成效。一種計畫教學方法，是員工兩人一組，每一組都要負責解決與客戶服務有關的問題，提出解決方案，並後續追蹤待改進的狀況、需要的技術訓練和

表1-16　外國人從事家庭看護工作補充訓練課程

課程類別	項次	課程主題
身體照顧服務	1	基本生命徵象與生理需求
	2	身心發展與功能
	3	疾病徵兆之認識與處理
	4	意外事件預防與處理原則
	5	急救概念與急症處理
	6	感染控制概念
日常生活照顧服務	7	個別化機能訓練
	8	生活支援服務
	9	臨終關懷與安寧照顧
	10	清潔與舒適
家事服務	11	家務處理
	12	營養與膳食
文化適應	13	跨文化生活適應輔導
溝通技巧	14	人際關係、溝通技巧與壓力調適
生活會話	15	基本生活會話——華語
	16	基本生活會話——閩南語
	17	基本生活會話——客家話
	18	基本生活會話——原住民語
職業安全、傷害預防、失能者保護觀念及其他權益保障	19	職場安全與傷害預防
	20	失能者保護概念
	21	家庭照顧需求與協助
其他與失能者照顧服務相關課程	22	失智症之照顧
	23	身心障礙之照顧
	24	精神疾病之照顧*
	25	居家血糖測量*
	26	居家甘油球通便*
	27	居家用藥安全*
	28	其他

*代表必須有醫護背景之講師資格

學習成果（莫策安譯，2009）。訓練基本重點有四個步驟，如**表1-17**所示。步驟一爲第一印象，步驟二爲有禮貌，步驟三爲態度，步驟四爲誠實。

表1-17　訓練基本重點

步驟一：第一印象很重要	步驟三：態度決定一切
·人們先看見你，才會聽到你說的話 ·穿著合宜，以符合工作類型為主 ·務必要打扮自己 ·維持開闊的心胸	·不管好壞，態度即是一切 ·欣賞自己與他人的內在美 ·相信自己 ·期許自己能有所改變 ·不隨便評斷他人
步驟二：有禮貌很吃香	**步驟四：做正確的事——道義問題**
·常說：「請、謝謝與不客氣」 ·常說：「不好意思與對不起」 ·常說：「先生與女士」 ·最好稱呼他人的名字，感覺較親切 ·最好說「是的」而非「嘿呀」 ·隨時面對微笑	·永遠誠實以對 ·做正確的事 ·承諾顧客的事，一定要說到做到 ·對自己的所作所為負責

資料來源：莫策安譯（2009）。

肆、非營利組織之高齡創新服務模式及創新經驗

非營利組織之高齡創新服務模式及創新經驗，可以從不同面向檢視與規劃指引。創新機構高齡服務方案、投入認知訓練增進復原力、服務員的用心陪伴、服務之不可取代性、服務的模式設計、服務之新知識、新技能、新概念、服務方案如何回應變遷中的社會需求、如何獲得知識或資源、社會變遷的影響、服務客源的開發、社會資源的配合、組織決策者的支持、組織領導者的特質、工作團隊的共識。

一、創新高齡服務方案

政府提供居家照顧服務補助，跟自費居家照顧服務提供者，都是提供服務的單位，客戶因有申請政府補助時數不足的部分，所以由自費單位來填補。另外，政府居家照顧服務補助，一個案子只能給一或兩個小時，而一般客戶需要4個小時或8個小時，甚至到有可能9個小時不等的服務時數。不論是自費或政府補助，服務工作內容差不多，服務員都是按照服員90小時訓練學習中，受40小時術科學習的完整訓練。自費服務型單位規劃家事服務、照顧服務、備餐服務和其他服務（陪同就診、陪同洗腎、認知訓練、運動引導）等四大服務，專業分級及技術分級，跟政府補助型服務不太一樣。

二、投入認知訓練增進復原力

認知訓練就是陪案主玩，某案主因為腦中風，導致他自己沒有辦法說出自己的名字，甚至連1、2、3、4都沒有辦法表達，雖然案主行動方便，不需照顧，服務員進到他家裡面訓練他，從開始學說話、學寫字，然後訓練寫自己的名字。這個是其中一個最基本的認字訓練，各種的認知訓練會從遊戲設計裡面，帶著案主去完成數字、名字、熟悉的物品的重新認知。

三、服務員的用心陪伴

到案主家服務的時候，去發現案主其他的需求，服務員本身可以提供的服務是什麼，由案主跟服務員兩個人去討論，服務員陪同就醫，互動，瞭解案主要表達的意念、理解他講出來的話的意思，比案主家人更瞭解案主要表達的意思，服務員去服務時候，就是要開始去瞭解案主，跟他建立互動互信關係，用心是可以讓案主感動。

四、服務之不可取代性

有些案主家有請外籍看護工，也需要本籍服務員，主要是有語言的隔閡。外籍看護工沒辦法像本籍服務員一樣，可以把國語或台語講得順。學生就業並提供服務，是非常特別且有意義。學生進到案主家服務，案主會覺得像自己的孫子在家一樣，感覺自己要健康起來，去照顧孫子，案主會覺得在跟他玩遊戲或做體操，就像跟自己的孫子玩。可是在這個互動關係裡面，案主不知不覺變健康了。比方說安排一位中高齡就業者去服務，案主可能會覺得在玩認知遊戲的時候很丟臉，可是在孩子的面前，案主反而會覺得，沒有丟臉的問題，在這樣的互動中，案主開始越來越進步，漸漸健康起來。

有些服務需求者，外籍看護工進來服務之前，本籍的服務員已經開始服務（外勞申請空窗期），所以本籍的服務員非常清楚案主的需要是什麼，即使外籍看護工進來服務之後，家屬仍會有本籍服務員的需求，有時候是一個家庭有兩個老人家，一旦其中一個生病或有被照顧需求，另外一位老人就需要居家服務，協助照顧的工作，或是擔任喘息服務提供的服務員。有些案主家，需要本籍服務員提供白天的照顧協助，而晚上的照顧責任就在外籍看護工的身上，等於是兩位服務員交替提供服務。

五、服務模式的設計

服務模式的設計，需有多年實務經驗，還有營運經驗，可以創新設計一個專業服務模組。把不可能變成可能，創新需有獨特的見解和多年累積實務經驗的結合，才能開展設計創新的服務模式。照顧服務產業業者，很少在照顧中顧及到心靈健康提升。心理健康可以影響身體健康，推動健康照顧，是創新健康照顧服務的推手。

六、服務之新知識、新技能、新概念

為什麼客戶會來選擇我們？答案是客戶的信任度。除了照顧他們以外，有沒有其他很特別的創新方案，讓他們身、心、靈健康都能夠提升。提供被照顧者需求及就業媒合，創新設計所有的表單，所有的設計理念，全部加上身心靈健康元素，服務員在勾選的時候，感覺是很簡單的表單，其實裡面都在評量身心靈健康。

七、服務方案如何對應健康需求

在培訓服務員時，跟他們說，我們不是在「照顧」人，而是要把人「變健康」，不是在維持某人的生命，而是尋求變健康的方法，心靈脫離苦難變喜樂，即使是坐在輪椅上的案主，也可以生活得很開心。當服務員用這個理念去做服務的時候，服務員會很喜樂，案主也會很喜樂。在做完服務之後，服務員學習到怎麼照顧自己，這對社會是很有正面價值的。

八、如何獲得知識或資源

建立知識傳達群組，在這都可以做教育訓練，給即時的回應或到現場教學指導。機構一個月一次的教育訓練，除了可以增加服務員專業技能之外，在教育訓練的過程中，介入體驗活動，在體驗中學習，並體會做中學的道理，體悟身心靈健康的重要性，學習讓被照顧者身心靈健康提升的方法。

九、社會變遷的影響

服務會隨著社會變遷改變。大多數會被影響到的都是勞動條件，勞動法規變動會影響排班、收費，機構必須要改變服務時間、服務內容、服務收費等，相對會影響到客戶需求，我們無法去滿足需更長時間的服務。早期台灣有24小時和12小時服務，這些服務將因為勞動條件的改變，縮減工時，相對影響到服務時數的提供。

十、服務客源的開發

以某年度為例，自費服務去補足政府提供的服務，占自費服務10%，客戶介紹客戶，用口碑行銷接案的比例是30%，組織中轉介案占40%，其他人力仲介無法承接而轉介的比例是20%。口碑行銷是十分重要的，一個客戶所傳達給下一位客戶的口碑，讓客戶來源增加並且忠誠度也較高。

十一、社會資源的配合

不論是營利組織或非營利組織，都盡量做到不虧損為原則。非營利組織可以因為要支持一項社會服務工作，而不著眼在小部分虧損，因為要補足一些社會沒有的服務，政府沒有辦法做到的部分。例如在這個服務裡面，做銀髮就業媒合、學生就業、人力培育等，但若是公司營運，就不能有虧損的產生。社會資源的配合，捐書、捐款或捐物，可以減輕單位支出負擔。

十二、組織決策者的支持

創新服務需要組織決策者的支持，每一年都要討論每個案子是否仍有存在的必要跟價值。不是看賺多少錢，而是看服務了多少人，這

個服務了多少的人，服務對象其實也包括客戶還有服務員。很多中高齡婦女到了35歲以後，年輕時因爲家庭的關係離開職場，當她要再回來就業的時候，居家服務業提供一個讓她們可以增長技能的地方，做簡單照顧、煮飯，都是她在家裡會做的事情，帶到職場來變成一種服務工作。藉由各種訓練、打字、應對進退，在工作中成長、升遷、成爲主管，居家服務產業給他們一個可以升遷的工作環境。

十三、組織領導者的特質

組織領導者的智慧、知識、人格特質，會影響對組織使命的認同與創新思維。組織領導者，決策者至少兩人，計畫執行及決策，兩個人都認同才可以執行。業務和行政分開處理，影響較大的執行案，例如成本計算，就需要更多主管開會討論重要決策。組織領導者的特質，是一個具有盡本份、展現於外的特質，以及領導者的實力，亦即成爲才德兼備的賢者（陳亦苓譯，2014）。

十四、工作團隊的共識

工作專業團隊來企劃執行工作並達成目標，不斷的討論、檢討、改善、評估再執行，經常討論表單更新及檢視服務提供是否符合每個案主的需求。觀察客戶和服務員的需要，客戶在想什麼，在創新方案裡面去思考，做何種創新可以讓服務員在長照裡面穩定發展跟就業。讓客戶可以接受服務員或服務，跟案主互動加一點感動或貼心的元素。也可以建立志工隊，來協助創新服務裡面人力的部分。

十五、畢業即就業的前導者

學生畢業前對於就業很迷惘，藉由產學合作，學生可以在學習單位找到未來的就業定位點，建立他們的信心，讓他知道督導及服務要

做些什麼，從學生時期就開始做服務，瞭解未來投入的工作原來是如何。等學生畢業之後，安排一個工作職位給他，他們就會更有信心，因爲學生知道，在他工讀及畢業之後，他的人生是正向的，這是創新的一部分。

居家服務督導做的工作是具有專業技能及督導管理能力展現的工作。成爲一個優秀的督導，將所學應用在居督工作上，不斷幫助別人，用生命影響生命，成爲播下喜樂種子的社工。當你考慮進入助人專業生涯時，你可以問自己以下的問題（黃慈音譯，2013）：

- 助人專業適合我嗎？
- 我是否有足夠的知識去幫助別人？
- 我是否能夠找到工作？
- 我的職業是否能夠供應我的經濟需求？
- 我是否能將所學應用在工作上？
- 這份職業是否能夠滿足我？
- 哪一種助人專業最適合我？
- 我要如何選擇最好的學校？

參考文獻

中央大學企業管理學系（2005）。《管理學：整合觀點與創新思維》。新北市：前程企管。

王文秀等譯（2003）。《助人專業督導》。台北市：學富文化。

內政部（2011）。內政部統計通報100年第二週。內政部統計處。

李正文（2005）。《行銷管理》。台北市：三民。

李田樹譯（2001）。Peter F. Drucker著。《杜拉克精選：管理篇》。台北市：天下遠見。

林財丁、林瑞發譯（2006）。Stephen P. Robbins著。《組織行為》。台中市：滄海。

林萬億（2012）。《台灣的社會福利：歷史與制度的分析》。台北市：五南。

若林靖永、樋口惠子編（2015）。《2050年起高齡社會コミュニテイ構想》。日本東京都：岩波書店。

崛內正範（2010）。《丈人のススメ日本型高齡社會－「平和団塊」が國難を救う》。日本東京都：武田ランダムハウスジャパン。

張逸安譯（2002）。Daniel Goleman、Richard Boyatzis、Annie McKee著。《打造新領導人：建立高EQ的領導》。台北市：聯經。

莫策安譯（2009）。Renée Evenson著。《服務聖經101：你一定要學的顧客服務技巧》。台北市：高寶國際。

陳亦苓譯（2014）。赤羽雄二著。《零秒思考力：全世界最簡單的腦力鍛鍊》。台北市：精誠資訊。

陳美蘭、洪櫻純、黃琢嵩、呂文正（2017）。《老人居家健康照顧理論與實務》。新北市：揚智文化。

陳瑜清、林宜萱譯（2004）。Linda Gorchels、Edward Marien、Chuck West著。《通路管理的第一本書：規劃有效通路架構與策略，打通產品銷售的關鍵命脈》。台北市：麥格羅希爾。

彭懷真（2016）。《志願服務與志工管理》。新北市：揚智文化。

黃慈音譯（2013）。〈助人專業適合你嗎？〉。載於楊蓓校閱，Marianne S. Corey、Gerald Corey著，《助人工作者的養成歷程與實務》，第一章。台北市：新加坡商聖智學習。

經理人（2017）。〈管理學100年一定要懂的10個經典理論〉。台北市：Business Next Publishing.

葉怡成（1996）。《管理學：21世紀的台灣觀點》。台中市：滄海。

葛田一雄（2011）。《介護管理者・リーダーのための人づくり・組織づくりマニュアル》。日本東京都：ぱる。

鈴木隆雄（2012）。《超高齢社會の基礎知識》。日本東京都：講談社。

齊若蘭譯（2002）。Jim Collins著。《從A到A^{+}》（*Good to Great*）。台北市：遠流。

劉怡女譯（2009）。Janelle Barlow、Paul Stewart著。《你的服務跟得上品牌嗎？：如何提供符合品牌形象的優質服務》。台北市：高寶國際。

劉軒麟（2013）。《台北市居家服務督導員受督需要之研究》。私立輔仁大學社會工作學系碩士論文。

蕭德蘭譯（2014）。Mel Levine著。《心智地圖：帶你了解孩子的八種大腦功能》。台北市：天下文化。

內政部統計處（2017a）。〈106年第3週內政統計通報（105年底人口結構分析）〉，http://www.moi.gov.tw/stat/news_content.aspx?sn=11554

內政部統計處（2017b）。〈最新統計指標〉，http://www.moi.gov.tw/stat/chart.aspx.

台北市政府社會局（2017）。〈照顧服務——台北市居家服務契約書範本附件〉，http://www.dosw.gov.taipei/ct.asp?xItem=86892600&ctNode=72373&mp=107001

衛生福利部（2017）。〈長照政策專區——長照十年計畫2.0〉，http://www.mohw.gov.tw/MOHW_Upload/doc/105%E5%B9%B48%E6%9C%883%E6%97%A5%E6%BA%9D%E9%80%9A%E8%AA%AA%E6%98%8E%E6%9C%83%E7%B0%A1%E5%A0%B1_0055618003.pdf

American Management Association (2017). *3 Ways to Improve Your Team's "Entrepreneurency" Quotient*. http://playbook.amanet.org/training-articles-entrepreneurency-entrepreneurial-behaviors/

Kadushin, A. (1992). *Supervision in Social Work* (3rd ed.). New York : Columbia University Press.

National Association of Social Workers (2008). *Code of Ethics*. Washington, DC: Author.

Taibbi, R. (2013). *Clinical Social Work Supervision Practice and Process*. New Jersey: Person Education.

Wubbolding, R. E. (2000). *Reality Therapy for the 21st Century*. Philadelphia, PA: Brunner-Routledge (Taylor & Francis).

Chapter 2

督導工作範疇

陳美蘭

學習重點

1.督導人才培育與輔導

2.日本介護工作發展

在社會中活躍參與、退休後再就業、參與志工服務、社區生活支援、長照福祉服務，都是現代高齡者面對的課題。台灣的長期照顧產業，參考各國發展模式，自成一種新模式。長期照顧服務產業中，照顧服務工作者令人尊敬，是讓家人引以爲傲、奉獻時間、體力及精神的工作。老年科醫生養成有其必要性，獨居老人、漸老老人年增。在日本，老人就醫前就在家死亡的比率甚高，「人生後半的第二義務教育」是高齡市民的必要常識，瞭解自己身心變化，及後半生的設計。世代交流場所（世代對立、單身化、四世代共住社會），成年監護作用因沒有三等親的人增加而存在，需介護中心支援人數增加，需要金錢管理、儲蓄管理、不動產管理也日益增加（若林靖永、樋口惠子編，2015）。這些現象讓老人服務事業迅速發展。

多年來照顧服務產業在長照產業裡面，工作者多數是婦女，因爲就業門檻較低。勞動部於6月19日公佈去年中高齡勞動統計，45～64歲的整體勞動力參與率爲六成二，而女性就業人數十年來增加五成，女性教育程度及就業意願高是主要原因。勞動部最新統計顯示，去年中高齡就業人數爲422.7萬人，另外，去年105年中高齡非勞動力快260萬人，其中九成七沒就業意願，不願意就業的原因以做家事占的比例最高，其次爲年紀較大和家庭經濟尚可不需外出工作（聯合報，2017）。婦女婚後因照顧家庭及孩子，會選擇離開職場，但近年來政府鼓勵婦女及銀髮人力二度就業，但婦女離開職場太久，產生就業障礙，會選擇打工、派遣等工作。迦勒中心期待在就業上對婦女有所幫助，對求職者提供職前及在職訓練，並鼓勵員工提升服務品質，定期給予獎勵。最重要的是在中高齡就業者的升遷制度裡面，突破學歷的限制，在實務工作有一定程度者，可以經由內部管道升遷。

台灣人口高齡化伴隨疾病型態、健康問題、照顧服務內容多元化、照顧時間長等問題，以致長期照護需求與日俱增。老人福利爲政府重要施政目標，專案規劃與長期照護制度接軌，已經刻不容緩。高

齡人口比例逐年增加，高齡長者需要更多元、全方位的關照。長期照顧服務品質提升，一直是居家照顧服務的策略方向。因此在居家照顧服務的發展上，如何提升照顧服務品質，提升被照顧者身心靈健康，減少其生理、心理痛苦，是居家照顧服務的重要課題。

第一節　督導人才培育與輔導

照顧服務人才的留用，是各國面臨的問題，非單一單位可以單獨完成，日本在長照方面，因著介護保險的實施，嘉惠了銀髮產業的創新模式蓬勃發展長達數年，優點值得學習，但也需在學習中，發展出適合台灣本土的體系，深入社區服務，這需要政府配套措施的配搭，社福體系的發想與創意，加上專業受到大衆的尊重，當每個環節環環相扣後，配合長期照顧保險的實施，發展社區照顧模式，是帶領長期照顧領域向前進的方向。

督導工作單位提供社工人員清楚的工作脈絡，使其發展專長，並在工作中擴展實務知識，增進工作能力並達成工作目標（Kadushin & Harkness, 2002）。居服督導工作含括接案、個案評估、媒合、家訪、結案等過程中之各項業務接洽及表單塡寫的工作。居服督導是專案管理人員，管理者需具備技術能力、人際能力及策略能力。在督導人才培育計畫中，即將就任的督導人選，雖然能力無法100%模仿專案督導（顧問或講師）的工作能力，但有心學習、態度謙和，將讓他們在未來發揮各自的特質，爲照顧服務產業人力，注入更多新血，進而開展新局。

壹、督導人才之培育

訓練，訓練，再訓練，並協助有心及有能力升遷的員工，在工作

職務價值的提升中，完成自我生涯規劃及單位之人才培育計畫，成爲優秀的督導人才。從信念建立、應變能力的養成、獎勵制度及人才培育，來創新人才培育過程。在照顧服務產業裡，人力的投入比率，以一個90小時照顧服務員結業班級來看，只占不到一個結業班級的5～10個百分比，因此，照顧服務人力資源需要專案建置與專業規劃。人才培育計畫可以從人力來源、專業培力、行政文書、人才培育四個面向去探討，特別是在領導品格的觀察，可以幫助單位找到合適的人選。

目前居服督導的年齡分布，分爲剛畢業之就業者及中高齡就業者兩種。前者行政文書能力強，但仍需多累積實務工作經驗。後者行政文書能力相對較弱，但實務工作經驗強，表現十分優秀，親和力也強。督導的主要工作目標，是著重在人力培養、健康技能引導提升和單位目標達成。

一、居服督導能力的培養

居家服務督導在工作上應簡化表單的書寫，著重先安定人員、培訓新人、增進專業技能等方向。居服督導應具備實務工作、行政文書、教育訓練、溝通協調和業務達成的能力。

(一)實務工作的能力

督導應具備服務員所具備之照顧服務基本能力，督導要輔導服務員正確的專業工作能力，而服務員的工作分類有：

1.照顧服務：陪伴、復健、清潔沐浴、協助餵食或管灌等。
2.家事服務：居家簡易清潔、衣物清洗等。
3.備餐服務：準備餐食、飲食設計等。
4.其他服務：回診就醫、認知訓練等。

(二)行政文書能力

從案主評估、簽約，到家訪、收費計算及結案，需要有處理行政文書表單的能力。不論是評估簽約、家訪、客戶資料記錄或結案，每一個環節的統計資料，可提供照顧中心定期服務案主資料建檔及適時提供服務需求不足之規劃。

(三)教育訓練能力

教育訓練包括職前、在職升遷、居服督導培訓計畫等，其目的在充實照顧知識、培訓督導管理人才。從訓練期間之確定、訓練地址之確認、提供參與者之獎勵，到服務人員的分配工作。包括做講師及講題確認、準備板筆、麥克風、簡報筆、相機、錄影設備、簽到表、講義等教學工具，並確認講師簡報是否收到。提醒學員上課日期及時間、確認參加者人數、便當數量。還要確認工作人員名單、討論教育訓練當日流程及演練，架設電腦、投影機及提醒學員繳交作業。

(四)溝通協調能力

溝通能力是督導工作裡最困難，需要工作年資累積圓融處理經驗。服務員的問題，因爲牽涉到行政及服務，在溝通前必須與主管先進行向上溝通，才能與服務員做向下溝通，避免溝通後仍產生誤會，也要遵守行政上的規定。督導需居間做溝通協調，才能順利將誤會產生率降到最低。督導在處理客戶和服務員間的問題時，先瞭解雙方的想法，或在家訪時進行溝通，當面瞭解事情再處理。

(五)業務達成能力

業務之達成是年度預算書中一項很重要的指標。客戶開發過量或服務員人力不足，會造成中心營運的壓力。客戶關係之建立，對客訴處理及風險管理，具有輔助的效果（陳美蘭等，2017）。

二、居服督導人才培育

督導人才培育包括服務員和督導的部分，除了照顧服務專業能力、活動帶領能力和溝通協調能力，在每月的教育訓練加強之外，在每天、每週，甚至新開案的服務期間，應提供問題諮詢及協助工作能力提升。督導能力提升的部分，則是用一對一、面對面，及單一個案研討的方式，學習解決個案服務問題。督導可以建置創新的工作在新人訓練計畫、服務團隊模組之建置、人力留任率提升三方面。

(一)開始規劃「新人訓練計畫」

督導服務工作包括評估、簽約、排班等實務工作，每一個環節都有其專業技術性，及處理方法特別要注意的地方。督導面試工作包括履歷審查、任用等，在如此競爭的長照產業發展中，如何訓練出更多專業的服務人員，需要專業、有愛心的領導者帶領，才能將新進人員因著信任而引領到一個專業領域裡學習。除此之外，督導要學習電腦文書工作。順暢的升遷管道是培育優秀人才的重要升遷制度，讓服務員及新任督導在踏入陌生的工作領域裡，有工作目標及動力，引領他們前進。

督導助理的配置是有其存在的必要性，分別處理不同的行政表單及業務。居服督導的工作包含健康規劃，除了須熟悉多項行政業務，也要引導服務員從事健康照顧及健康規劃。每位督導及助理各司其職，共同達成單位工作目標。由督導培訓中呈現的問題，找出解決方法，從督導每天工作紀錄裡，彙整所有督導訓練的過程，協助督導學習力的提升。

(二)居家照顧服務團隊模組之建置

服務團隊模組中，最困難卻最重要的，是產生一位實務經驗強、文書能力佳的居服督導員。在台灣長照現況中，居服督導的產生，通常是應屆畢業生或社工相關科系畢業學生擔任，在實務工作上之專業能力，較業界之照顧服務員弱。若督導人員採實務工作經驗佳之服務員，用設計過之升遷制度，漸進式培育居服督導人力，則可突破人力不足之現況。學生在畢業前，亦可透過工讀、實習等形式，具備實務工作經驗。

(三)照顧服務人力留任率提升方案

由於照顧服務產業，多年來一直有人力不足的情形中，人力的留任可降低人員流動率。服務員持續在團隊中穩定工作，是很重要的工作目標。在長照產業界裡，人力流失問題一直存在，爲了解決此一問題的發生，「留任率」有關之計畫執行，才能讓現有人力發揮其專業於服務之中。新人留用是團隊中很重要的一項工作，剛踏入照顧服務產業的婦女學習態度佳，又有照顧家人、備餐及整理家事的生活經驗，待人接物的禮貌及態度亦比一般應屆畢業生強，但是行政文書能很弱，必須要一對一教導，或經由工讀生的協助。因此，加強中高齡就業能力，仍是各照顧服務中心，就業人力資源開拓的方法之一。

長年照顧人力不足原因，多數新人都先將工作困難點，視爲不可突破之困境，導致許多上完90小時課程的學員，甚至考上丙級證照後，即使進入長期照顧服務領域，卻因爲知易行難，想像中的服務工作與實際的服務內容不同而無法勝任工作，此外還有責任歸屬的擔心，薪資結構不如預期等因素，導致結業人數與投入職場人數，差距甚大，也就是約略一個班級50個學員，僅有5個人進入照顧服務產業。此種現象在台灣已經存在多年，卻未見有很大的改善。產學合作中，實習後所產生的人才，也對進入職場，有想像與實際的落差。加上中

高齡婦女，即使在照顧服務領域就業，雖有相當強的照顧服務技能，卻沒有一條有前瞻性的升遷管道。

◆解決高離職率

解決高離職率，減緩離職率的提升，先瞭解離職的原因。離職的原因包括家中有事、身體不適需休息及就醫、想要轉換工作跑道等個人因素。在工作中，通常服務員會碰到許多專業技能上無法突破的困難，例如90小時專業訓練後，仍無法在工作現場，做正確的操作流程，工作產生的壓力導致心理受挫，在無法突破困境下產生挫折。每個案子都有困難點，多數服務員都需要被指導後，才能順利執行。有些服務員是年紀較大的服務員，卻能用愛心及耐心在工作上面對並突破困難。離職的問題，對於中心來說，離職的溝通和辦理非常重要且需謹慎辦理，每一個即將離職流失的員工，督導應檢討及評估是否能留用、或溝通後否是願意留用，若留任服務意願低，再視個別情形處理。

◆設計升遷管道

①建立專業團隊模組

建立一個團隊模組，此模組的督導產生模式，按照升遷制度執行，這樣的規劃，可以協助婦女在照顧服務產業中，建立第二專長，增進社經地位及個人專業成長。目前在督導體系中，包括個案管理師、居家服務督導、照顧管理專員，都有一定的資格限制，包括學歷需爲社工相關科系畢業。而此前述之創新模式，是將學歷的限制摒除，改由在職教育訓練的參與及專業照顧服務能力的實際執行，來篩選及培育人才。一個專業且得員工支持的居服督導，要在畢業生中或社工中找尋，相當不容易，因爲畢業前的學科知識，能支持其完成報表的能力，但是在做接案、風險評估、領導管理能力執行、照顧服務工作實務，對新進人員而言仍有許多需學習增進的技能。

健康引導員 ➡ 健康照顧員 ➡ 健康照顧師 ➡ 健康規劃師

圖2-1　升遷職務設計

資料來源：伊甸基金會附設迦勒居家照顧服務中心之升遷制度。

升遷管道的建立，是管理階層中不可或缺的必備制度，這個規劃也是一種獎勵，影響著內部管理。職務的提高是工作價值提升的助力，當需求被滿足時，工作效率提升，許多問題也隨之化解。**圖2-1**是伊甸基金會附設迦勒居家照顧服務中心的升遷職務設計，從第一線的健康引導員、健康照顧員、健康照顧師到健康規劃師，其中包括獎勵制度、考核制度、升遷制度及個人生涯規劃發展。人才培育需規劃升遷制度，培養就業者有使命、遠景及瞭解服務價值所在。

②提升留任率

長期照顧產業裡，服務員會因爲多種因素離職，在各個非營利單位遊走的現象。以致於客戶往往有找不到人服務的問題，這也是造成近年來外來勞動力需求大增的原因，並導致國內資產外移的負面影響。我們反觀日本的照顧勞動力，外勞引進的數量，遠低於台灣許多，即使日本早已經成爲高齡化社會，亦用教育及愛心的付出，來補足勞動力不足的現象。日本社區照顧服務單位經營者表示，鐘點服務員並不需要證照，稱爲幫助者（helper），錄取資格是有無愛心。認知訓練活動帶動現場溫馨氣氛，而非著重在專業的照顧或是功能輔助器具的高頻率使用。對日本而言，外來照顧者，有著語言上的隔閡，禮節上的訓練，故運用教育體系及退休人力，來彌補人力不足，成爲日本社區照顧之小規模多機能成功模式。台灣於107年將走向長照保險制度，對一般民衆及非營利組織而言，對等連結長照保險制度之社區照顧模組，有其發展之必要性。

探討離職的原因，大多是與期待中之工作及本人理想，還有薪資、工作內容等不如預期，規劃留任計畫可使人員穩定工作。新任督導任用流程及帶領，需要再加強介入專案執行及溝通技巧之訓練，提升人員穩定度，並加強督導溝通協調能力。

③建立帶領模組

主管帶領督導新人從進入工作前，以及工作中所需教導帶領的事物，必須建立一套工作守則，讓新進人員確實瞭解及遵守工作上的原則及規範，並確實瞭解單位的使命及成立的初衷。帶領新人十分辛苦，若是對付出愛心的工作沒有負擔的人，是無法承擔此工作所帶來的無形壓力。新人在進入工作之後，前兩個月是謀合期，謀合期是留任率提升的關鍵。在前兩個月可以看出服務員後續服務時間的長短。新人的面試，仍由督導考評及篩選，新人實習及排班，則由居督或督導助理協助進行。

④獎勵制度

贈送禮物及提供獎勵是激勵方法之一，知識性的e-learning，特別是在科技進步的現代社會，人人擁有智慧型手機，在群組裡聯絡、討論、通知及學習，變成一個快速聯絡的方式。學習必須無間斷，才能在工作上精進，在知識建立上，讓彼此有一個正確的學習及溝通管道。推廣員工閱讀計畫，鼓勵員工每月讀一本書，與照顧服務、認知訓練或與工作相關的書籍，也是與員工互動及獎勵的方法。在家庭訪問的同時，給予案主家及服務員一些刊物或小贈品，是一個互動的方式。小禮物是督導愛心的付出，但是對於服務員來說，卻是很溫馨的舉動。

服務團隊模組中，創新設計督導人才培育計畫，從團隊中找出督導人選，從服務中學習，加上行政培訓，使人才的養成，更符合組織的期待。就業者能夠藉由這樣的「督導人才培育計畫」，爲照顧服務產業，多年來無法突破的人力產出困境，找出一條亮眼之路。

實務經驗分享

雖然部分中高齡婦女在行政方面能力較弱，但是經由努力學習，總是會突破瓶頸，學習帶人，整合團隊，達到營業額目標，達到自己追求的人生目標。為中高齡就業婦女，建立一個就業升遷管道，是未來長照產業要努力規劃與執行。服務員因有升遷管道，工作起來確實抱怨減少，能力提升，配合度較高，工作意願增高，對組織之人才資源建立，確實有加分效果。

升遷管道的建立，是管理階層中不可或缺的必備制度，這個規劃是一種獎勵，也影響著內部管理。職務的提高是工作價值提升的助力，當需求被滿足時，工作效率自然提升，許多問題也隨之化解。

照顧服務人才的留用，除了薪資是留用率中，占服務員最大考量點之外，升遷所產生的工作價值，確實也會突破薪資不合期待的障礙。與就業中心合作之就業徵才，突破了就業徵才的困境，中心另也開拓其他就業媒合點，以增加徵才曝光度。人員任用後又會有一波服務案量需求，才得以產生供需平衡，進而產出人力。新進人員的穩定度，應是創新工作重點。

創新增加人力的方案，達到進用人力大量增加的效果，而其中督導助理的能力，督導的評估調班，督導的輔導，以及上級主管的支持與協助，都是成功關鍵。新創單位有需多風險要評估，而在增員方式的突破上多所琢磨，對未來不論是接續模組建立，或是對組織人力增加方案，都有實質的幫助。

實務經驗分享

中心：伊甸基金會附設迦勒居家照顧服務中心

文章標題：人才培育與專業成長

稱呼（職稱／住民／會員等）：督導助理

姓名：許詩妤

迦勒中心全力幫助每位需要就業的中高齡婦女，以及相關科系的學生就業媒合，不限制年齡，也不限制學歷，最重要的是對工作的態度。今年和許多就業服務站做徵才的活動，其中和銀髮中心合作開課，藉由課程讓一些高齡婦女加入迦勒中心，幫助他們就業。

在今年7月，正式將一位居服員升遷為居服督導，他會利用假日的時間，去進修自己的學歷、能力，並應用在自己的工作上。雖然他在行政操作方面並沒有像年輕人一樣，但是在迦勒中心「只要肯學習，沒有什麼是不可能的」，一步一步慢慢地教，讓他學會如何操作。透過實習，讓相關科系的學生在畢業前，利用暑假的時間實習，讓學生不只學習行政的操作，最重要的是能夠學習實務上的經驗，讓學生能夠更瞭解照顧服務，畢業後立即就業。

有些服務員會將他們每天煮給案主的美味佳餚拍照，並上傳到群組上，每道菜餚都令人垂涎三尺。一位年輕的服務員，用自己設計的認知訓練活動，幫助了一位案主，從無法講出自己的名字，到能夠講出自己的名字，經過了服務員一年的照顧，案主進而能夠與人溝通。另外，有一位服務員，剛開始服務的時候，因為在家裡都沒有常常在做家事、煮飯的習慣，所以幾乎什麼都不太會做，但是經過督導慢慢地帶她、教她，現在她照顧案主都照顧得很好，這是她很大的突破。這些是迦勒中心這一年度的創新與令人感動的服務內容。

資料來源：105年伊甸基金會台北市區成果報告——迦勒中心。

貳、督導人才輔導規劃

督導人才輔導規劃，是長照政策執行中，十分重要的一環。大專院校社工、高齡照顧、長期照護等相關學校或系所，爲了讓產業界瞭解學生特質與能力，協助產業招募優秀生力軍，提供學生在校學習，畢業即就業的機會，拓展學生就業領域及暢通求職就業管道，建構人才培育平台，促進產業界提升人力資源適才適用之效能。而勞動部及各就業服務站，也提供一般民衆求職管道。然督導職仍處於缺人的情況之下，落實職前及在職培育計畫，才能有效提供照顧服務產業中，督導人力資源的補充管道。

一、督導培訓計畫

督導培訓計畫內容包括行政作業及業務處理方式，其中包括工作內容及服務團隊模組。以下是領導新服務員工作方式之輔導案例。而領導新進服務員成爲優秀的人力，需要時間、耐心及經費編列來支持。

(一)督導工作內容及培訓項目

高齡期最初的障礙有三，步行能力喪失、排泄障礙、用餐障礙。而老年退化、老年慢性病和失智症，變成不可避免的社會問題，所以需要照顧支援資源。居家照顧體系中，職務責任最重的是督導，指導督導工作派任，是居家服務的一門學問。

◆排班原則

1.考量服務員的想法：依照想多賺錢的服務員或想多休息的服務員的想法排班。

2.考量客戶的想法：可否接受新服務員，服務時間的安排，是否

在雙方有共識之下。

◆督導引導訓練方式

讓督導在帶服務員的同時，自己也做觀察學習，從服務中看到優點及缺點。新服務員需要更多時間的觀察學習與練習，更加專注於對應及互動。

1.備餐的能力，可以從切工、配菜、調味看出。備餐前看冰箱有什麼，詢問案主想吃什麼，想一下怎麼煮可以提供一餐中的營養，洗菜的方法，菜切出來的大小，煮的方法，配菜的方式，擺盤，菜的溫度，用餐的用具，用餐的氣氛，餐後的收拾，飯後的口腔清潔，飯後的用藥，飯後的走動，飯後的互動，飯後的休息。

2.進門的寒暄，坐的位子，互動的方式，聊天的內容，時間的掌控，運動與走動，走動的安全，協助的姿勢，走動的適切時間，案主身體狀態的觀察，歌曲的選擇，眼睛的閱讀能力，互動的氣氛，道別的方式，道別時的情緒關注。

3.互動時的聲調，情緒的轉換，走動的提醒，愛睡時提供有興趣的話題去除睡意。

教育訓練對於新人來說，訓練中學習是一項很重要的工作。從見習、開始服務、服務中到能力提升，有四個階段的訓練。若訓練得宜，則人員工作穩定度高，若訓練不符合新人期待，落差甚大時，則無法再留住新人。因此，唯有落實四階段訓練實務，才能提高人力資源及客戶服務量。

◆接班意願的養成

服務是用愛心及技能，去滿足客戶端的服務需求，然而許多服務員會因爲距離遠近、服務樣態難易、薪資高低，去先入爲主的拒絕接案，讓督導在排工作上產生困難度，因此，若能多花點時間，在瞭解客戶端的服務需求，並瞭解服務員的工作能力，適切的鼓勵服務員承接接案中的訓練，以預備升遷及考核。

(二)督導訓練內容

1.主管觀察督導課程參與者面對遲到者的表情及反應。

2.請督導課程參與者以服務員的身分，跟案主說話，用以觀察督導課程參與者代班成爲居家服務員時的記錄及評分，滿分爲10分。

(1)督導態度____分：有禮貌

(2)督導態度____分：會注意禮節回答

(3)督導態度____分：讓案主覺得有愛心

(4)督導溝通能力____分：適度表達，表情微笑

(5)督導溝通能力____分：適度表達幽默感，化解初次見面的尷尬

(6)督導臨場反應____分

(7)督導職場倫理____分

(8)督導照顧服務工作能力評估____分

(9)督導家事服務工作能力評估____分

(10)督導工作後之顧客滿意度給____分

3.督導教導新進服務員工作：

(1)回報機制：要主動跟主管回報工作狀況，例如，下班後報告今天工作狀況，做了什麼。第一天上班，要聯絡主管是十分重要的，用意在報平安，當踏進案主家門打招呼後，先打電話給主管，讓他知道你已經到工作地點，第二是在工作休息時間，跟主管回覆目前狀況，下班後再跟主管回覆今日工作狀況，並和主管確認工作內容是否與評估的一樣，若有問題要立刻報告。

(2)主動詢問：對於現場有不清楚的狀況要立刻詢問主管，例如

抽口水機器要如何清潔、血壓計要如何使用，避免專業能力不被認同。例如服務員接一個案子，需要用到血糖機，但是因廠牌不同以致不會使用，可以告訴案主，請家屬現場示範，因爲每一家機器使用方式不同，避免操作錯誤，請家屬示範一次使用方法，或詢問督導並報備主管。

(3)避免誤解：另一個注意事項是，個人背包不要帶太多東西，不論是督導或是服務員。特別是第一次到案主家，帶太大的包包，會引起不必要的誤會，有些案主比較會猜疑物品遭竊，此時可以自動請案主看一下包包，讓案主安心，回家前也請案主看一下包包，讓他放心，也可避免不必要的誤會產生，諸如東西不見等疑慮。

4.初階及進階訓練：

(1)督導初階訓練安排在成爲督導前，初階培訓項目如下：

- 認識督導工作內容
- 培訓督導代班成爲居家服務員能力
- 行政業務解說及家訪
- 填寫每日工作紀錄

實務經驗分享

每一個個案都有不同的服務方式，即使服務員有數年工作經驗，也會遇到要請教督導的問題，服務員對現場不清楚的狀況，應詢問督導建議，提升專業能力的被認同感。

對客户提出的問題，若不清楚是否涉及隱私或如何回答，即使主管不在現場，也要先徵詢主管意見再回答。

·評估及簽約的執行

(2)督導進階訓練安排在成爲督導之後，演練各種不同的情境，在工作前、中、後，做學習、評估及檢視的訓練。以下十四種督導演練及學習，帶領督導員進入另一個更專業的領域。

·演練接電話回覆技巧

·表單的使用

·服務契約書填寫

·服務契約書注意事項

·填寫客戶需求評估表

·瞭解年度專案工作目標

·說明服務員工作狀況

·瞭解服務員特質

·客戶服務工作內容

·家訪出發前通知服務員

·講師做家訪的互動給督導學習

·請督導將一日觀察心得整理給主管

·每日工作記錄表交給主管

·穿著的部分要合宜，服務員以舒適的衣服、長褲、布鞋爲主，督導穿著稍正式或以舒適衣服爲主

5.高階訓練：交由督導培育助理成爲督導，在教學中再次學習領導人的管理技巧。也符合體驗學習中的做中學，及透過「聽」可以記住20%，透過「看」可以記住30%，透過「聽到、看到」可以記住50%，透過「說」能記住70%，透過「說過並做過」可以記住90%。Kuropatwa（2008）引用「學習金字塔」（The Learning Pyramid），如**圖2-2**所示之學習金字塔與創造力之關聯性，對應創造力的提升能力，可見體驗學習的做中學，是學習者創造力培育的最佳方式之一，而學會如何教，對創新能力的

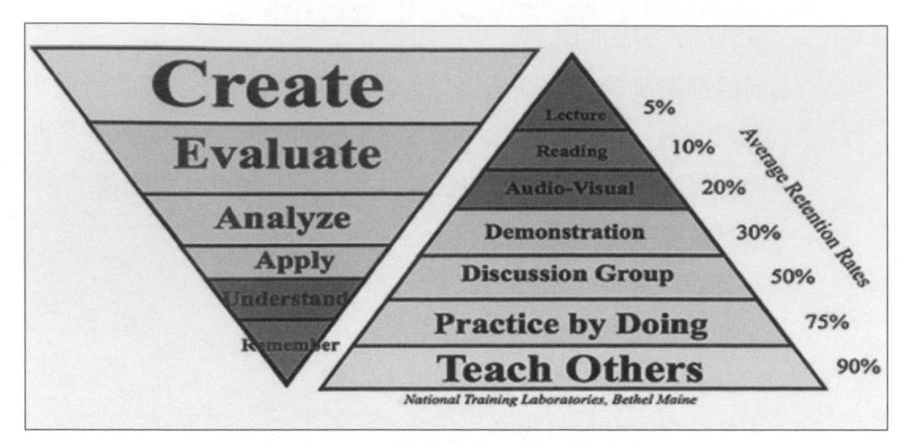

圖2-2　學習金字塔與創造力之關聯性

資料來源：Kuropatwa, D. (2008). Photo credits: The University by Maddie Digital.

影響，是有其果效的（陳美蘭、洪櫻純，2015）。督導培育助理成爲督導的高階訓練，包含評估、簽約等每月工作。

(1)評估：案主家地址確認、案主家塡寫評估表、查看實際工作環境、是否有輔具需求（註明是否成交、服務員姓名、交通路線、注意事項）。要注意幾個必塡重點：付費者、服務對象、費用、付款方式、緊急聯絡人、地址塡寫。

(2)簽約：簽約約定服務開始日，契約書收回或寄回。要塡寫的部分包括：

・案主姓名、地址、電話、年齡
・聯絡人姓名、電話、和案主的關係
・服務天數一～五或六
・服務時間
・工作內容（照顧服務、備餐服務、家事服務、其他服務）
・生活照顧內容
・身體狀況

實務經驗分享

做需求評估之注意事項：

1.重點式先填寫。

2.閒聊中再看看案主或家人有提到什麼要寫下的重點。

3.問案主，並註明醫生是否有交待特別注意事項。

- 就醫狀況
- 用藥狀況
- 簡略家系圖

(三)督導每月工作流程

督導每月工作流程有分三個段落，包括使用班表、簽到表等記錄表，來計算薪資。月初、月中、月底分別需要完成不同的表單。**表2-1**爲領導新人工作方式。

◆月初

1.請服務員傳簽到表。

2.結算服務費用。

3.確認工作天數及時數。

4.詢問服務員當月工作天數。

5.再比對督導核算的天數或時數。

6.確認後，以簡訊告知客戶請款天數或時數和費用。

7.跟主管核對，確認是否所有客戶都已經繳費。

表2-1　領導新人工作方式

No	處理方式	主管建議	特殊狀況
1	新人填寫資料	安排第二次面試	直接任用
2	安排服務員到案主家見習	帶新人到案主家 帶他實習	若有變化改以新個案安排給他
3	安排服務員到案主家服務	帶服務員到新個案家 教導服務內容符合個案需求	遇到問題或困難要告知主管
4	到個案家做家庭拜訪 通知服務員家庭拜訪	詢問案主服務員服務狀況是否滿意 是否需要改善	案主對於服務員一直說謝謝基金會
5	服務員重新調整	服務內容 協助解決問題	家事只簡單的維持
6	新個案做需求評估與簽約	簽約後；服務員開始正式服務	

◆月中

1.訓練規劃。

2.服務問題解決。

◆月底

1.檢討報告。

2.輔導紀錄。

3.滿意度。

4.目標達成。

5.教育訓練。

(四)督導對服務員之一對一教育訓練

◆第一天服務工作流程

1.督導與服務員至客戶家。

2.收回服務契約書。

3.服務員每日報備工作狀況。

◆服務結案之工作流程

1.聯絡客戶，確認結案日期。

2.協助服務員儘早面試下一個工作。

3.請款。

4.去電感謝客戶給予服務的機會。

5.寄出滿意度調查表。

(五)服務中客訴處理之工作流程

1.客戶來電時，以傾聽爲原則。

2.聯絡服務員瞭解問題狀況。

3.將客訴內容迅速報告通知主管。

4.寄出滿意度調查表。

5.處理原則「大事化小」，讓客戶的情緒恢復平穩，以不傷害服務員爲原則下處理。

(六)交接之工作流程

1.更換服務員。

2.請前一服務員寫下服務流程。

3.交接時確定服務員是否瞭解工作內容並可承接。

4.跟客戶報告交接狀況。

5.若有鑰匙交接，要填寫確認表單。

(七)任用之工作流程

面試通過後，準備工作前需準備的資料，包括體檢表、良民證、身分證影本、相片、學歷及證書影本等。

(八)離職之工作流程

1.離職申請表避免寫錯補蓋章，造成文件往來的時間延宕及困擾。

2.服務員離職需提前十天提出申請，或按照工作契約約定時間前提出，並將工作交接完成。

(九)面試之工作流程

履歷表需填寫完整。面試技術考核是否通過。面試時的回答態度爲考核標準。服務員考核工作包括：

1.使用考核表。

2.任用後在一定時間內，請服務員看教育訓練影片。

3.考核通過，頒發證明書。

(十)家庭訪問

1.事先通知服務員，確認家訪日期跟時間。

2.當天再確認時間。

3.入門前先跟服務員或案主通話做確認。

4.見面先問候。

5.必要時提供月刊或名片。

6.關心案主本身的身體狀況。

7.聊天中瞭解案主的情形及服務員的服務狀況。

8.建議可補充有營養的食物。

9.離開時握手表示親切問候之意。

10.登錄家訪日期。

11.製作表單存檔。

(十一)服務團隊

服務團隊模組影響給薪暨考核方式，服務團隊基本成員需達到7～10人，如**圖2-3**所示。另設居服督導1人。起薪暨考核方式，也是建立團隊模組時，應規劃的內容。

二、居家服務實務工作

居家服務實務工作大致分成四大項，督導在規劃居家服務工作之前，需先瞭解服務前、中、後的工作及注意事項。

1.出勤服務前之預備工作，督導需確認客戶名稱、服務地點、面試時間、居服員安排。

2.到宅服務時，先由家屬或案主說明服務需求，相關用物擺放位置。確定服務費用及服務時間後，觀察服務員與案主互動情形。是否有注意確認走路安全，互動時傾聽案主的說話內容及應對進退、禮節和服務態度。

3.服務內容確認後，開始規劃一天的服務工作時間分配，包括備餐時間、食材來源、營養攝取、飲食習慣、清洗方式、環境清潔維持範圍、身體清潔時間與次數、衣物清洗習慣等。

4.外出時的安全、回診注意事項、預防跌倒、戶外郊遊。督導請居服員瞭解客戶狀況並馬上回報中心，讓中心可以隨時掌握客戶的情形。

圖2-3　服務團隊模組

以下就某個案之服務時間來看服務內容。服務時間爲4小時。**表2-2**中之案主，因爲食慾不振，身體虛弱，督導跟服務員溝通服務內容，並以增加體重1公斤爲備餐目標，來規劃服務時間及服務內容。**表2-3**爲全天班服務流程，主要爲居家陪伴及備餐。

表2-2　半天班服務流程

服務時間	服務內容
08:30～08:40	確認食材
08:40～09:00	案主起床，量血壓及量體溫，協助刷牙、洗臉
09:00～09:20	吃早餐
09:20～09:30	早餐後整理
09:30～10:00	簡易居家環境整理（擦桌子、地板清潔、洗曬衣物）
10:00～10:05	服用飯後藥
10:05～10:30	陪同運動
10:30～11:00	聊天、看電視
11:00～12:00	中午備餐
12:00～12:20	吃中餐
12:20～12:30	餐後清潔，倒垃圾、整理廚餘

表2-3　全天班服務流程

服務時間	服務內容
08:30～08:40	確認食材
08:40～09:00	案主起床，量血壓及量體溫，協助刷牙、洗臉
09:00～09:20	吃早餐
09:20～09:30	早餐後整理
09:30～10:00	居家清潔、洗衣
10:00～10:05	服用飯後藥
10:05～10:30	陪同運動
10:30～11:00	聊天、看電視
11:00～12:00	中午備餐
12:00～12:20	吃中餐
12:20～12:30	餐後清潔
12:30～13:00	陪案主看電視
13:00～13:05	提醒餐後服藥

（續）表2-3　全天班服務流程

服務時間	服務內容
13:05～14:00	午休
14:00～14:40	身體清潔
14:40～15:00	下午點心
15:00～15:30	簡易環境整理
16:30～17:00	陪阿嬤運動（在家裡走廊來回走動）
17:00～17:30	備餐
17:30～18:00	煮食
18:00～18:20	吃晚餐
18:20～18:30	餐後整理，倒垃圾、廚餘

三、督導家訪前後的準備工作

出發前確認客戶是否在家，先跟服務員溝通日期及時間。家訪時多鼓勵居服員，給予精神上的支持，給他們服務的動力。同時在家訪時宣導加強回報機制，回報機制執行包括請服務員回報緊急事件，讓中心第一時間掌握客戶狀況。隨時掌握居服員工作問題及工作時間，加強風險管理，避免職災發生。督導後續追蹤瞭解服務員有無需要協助或相關資源連結。督導以關懷客戶的角度與客戶互動，像是家人般的親切互動，客戶對督導的信任建立，從家訪開始。

若到達客戶家時，案主仍在午休，可以請居服員到樓下會談，通常時間可約好，此情形較少發生。督導詢問最近工作狀況，討論工作內容及教育訓練提問。家訪時可以跟案主及服務員分享經驗故事，填寫家訪記錄表，後續每個月督導會固定到客戶家家訪。自費客戶原則上一個月一次，若爲一週服務一次客戶，可以二到三個月家訪一次。政府補助型服務，通常一個月電訪一次，三個月家訪一次。

督導到現場後先與客戶簡單自我介紹，放置個人物品後先做手部清潔。確認服務流程、用物擺放位置及注意事項。若有進行交接事項

時，確認交接流程後，交接鑰匙等物品及服務內容說明，請督導確認無誤，即可進行服務工作。客戶對於服務員的服務及督導的管理感到放心，服務員與客戶間互動良好，確實執行客戶交辦事項，在家訪時做信任建立的增強，這些都是提升組織形象的重要工作。

四、服務缺點的改進

服務提供過程中，會遇到問題和挫折，這是督導工作中不可避免的。一旦突破瓶頸，就可以順利勝任督導工作，若一直無法克服，就很容易對社工領域的督導工作，失去自信，而退出督導工作圈。以下舉幾個例子，來說明督導工作中呈現的問題及解決方法。

1.確認服務內容：洗衣物的工作範圍，是照顧服務的部分，就以案主爲主，是家事服務的部分，就以客戶需求爲主。

2.服務員收現金：有些服務員會有收款壓力，若出現問題，也會造成服務員、客戶與公司之間的困擾。盡量以匯款方式收取，減輕服務員經手現金的壓力。

3.服務員塡寫簽到表：服務員需確實塡寫上下班時間，服務日期塡寫錯誤會有職災理賠問題產生。

4.表單的使用：以環保爲原則，減少紙張的使用量。

五、居家服務行政工作

居家服務行政工作，除了表單塡寫、費用計算之外，電話接聽流程也是服務的一環。**圖2-4**居家照顧電話接聽流程表，提供電話接聽的流程，以及應該記錄及詢問的內容，包括服務期間、來電者關係、使用服務者狀況、工作內容、聯絡方式。依服務內容回覆收費後媒合人力，現場訪視評估後，決定是否可以接案。

各式日報表、週報表、月報表、年度統計報表表單的建置與完

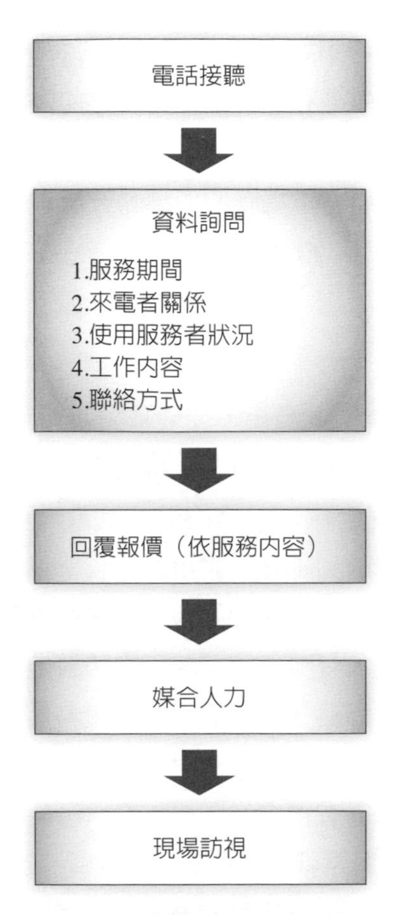

圖2-4　居家照顧電話接聽流程表

成，年度自我考核表單的建置，會議的確實執行與檢討，外展服務的資源連結，創新服務的創意與用心，未來發展目標計畫的規劃。督導的領導能力，實現在工作人員素質、專業訓練、團隊合作、主管領導管理能力的培養。

1.工作人員素質：專業技能的提升、工作人員在工作上的配合度、在職進修。

2.專業訓練：參加機構內的在職訓練提升專業能力。

3.團隊合作：工作上分工公平性、交接紀錄的確實性、護理人員及照服員間的團隊合作、跨專業團隊的整合。

4.主管領導管理能力：主管的領導力及管理能力，升遷的公正公平性（陳美蘭等，2012）。

六、人人皆督導

中高齡婦女及學生畢業後，要變成督導時，通常會有挫折感，不知道如何變成稱職的督導。有些人剛成爲督導的時候，用訓話的方式，教導服務員要怎麼做。正確的做法是教導，是分享。督導的服務，第一是讓服務員賺到她覺得夠用的薪資，第二個是讓客戶得到滿意的服務。如果客戶得不到滿意的服務，客戶寧願不要申請服務。當服務員工作能力不足，督導要到前線用方法教她，或彌補她的不足，讓客戶滿意度提升。因爲往往我們很多的服務員來工作的時候，專業能力是很不足的，甚至面對面的應對進退、講話的方式都要做職前訓練，慢慢才能訓練出很有禮貌的服務態度。已經離開職場一段時間再就業的中高齡婦女，對再就業感到不安。

每一個服務員都有成爲督導的潛能，實務工作案例中，一位新進服務員不太會煮菜，督導主動教導備餐方法，練習幾次之後，除了學會備餐，還會擺盤裝飾，讓案主享用到色香味俱全的餐點之外，也可以引起食慾。服務員每天拍煮好的飯菜相片給督導看，讓督導評估並給予意見，也會詢問案主的意見，還有依照案主的身體狀況，來調整甜度或鹹度，做出滿意度高的服務。當服務員變成備餐高手，客戶也喜歡她的服務，工作自然穩定。服務是看用心，不是看新人的能力如何，而是著重在督導如何教導服務員，把他的能力變強。最重要的是工作的時候，不去想錢，而是看我能爲他們做什麼。

社工跟志工，介於一線之間，督導爲有給職，志工爲無給職，但都要付出時間去做對社會有貢獻的事情。督導工作是有給職的社會工作，加上投入志願服務的心。稱職的督導每天會跟大家關心互動，變成員工生活中的一份子，分擔員工喜怒哀樂、體恤辛勤工作的員工，適時去分擔服務工作，讓督導工作也可以提供感動人的服務，體貼員工的督導和服務員一起工作，服務員的服務會更有正向能量。人是相對的付出，當督導把服務員照顧好之後，工作自然穩定，服務員也會越來越多，提供更多人升遷管道。服務員需要賺錢，也要滿足客戶的服務時數，就業單位維持這個組織的運作，可以讓更多的婦女進來就業，讓其他的人因爲這個單位還存在，可以進來這邊工作，增強個人能力，提高家庭經濟收入。

督導對工作的認同，想要把這個事情做好的心意，重視每個客戶或案主的服務，當成是珍貴的資產。做照顧老人的工作，要很喜歡老人，心裡想要做照顧老人的工作，把老人視爲珍寶一樣。呵護老人的時候，跟愛寵物一樣的心情，呵護他、抱他，他自然也會喜歡你。督導或服務員去案主家多跟他們互動，聊天時去牽案主的手，抱抱老人，聊他們喜歡的話題，在服務提供過程中，建立互信的友誼。

升遷管道暢通，當員工對工作的未來，感到有希望的時候，做起服務來就是很不一樣，可以從他們的臉上看到不一樣的笑容。學生畢業就要成爲督導，也要看他是具備那個能力，所以擔任督導前的訓練很重要。所有督導人才應從照顧服務做起，維持一年的受訓，這樣的培訓計畫比較完整。當台灣整個長照產業都這樣提供服務，在服務的時候做到最好，樹立一個規範，設立一個可以讓照顧服務業的品質再提升的品質指標。

七、面試技巧

日本福祉職場中採用面試經驗來說，福祉職場用人是件煩惱的事，人員缺額補充採用計畫的情形下求取好的人才，評價技術比起來，人格、資格、經驗年數、即戰力，也是決定的關鍵。人才定著率差無法育成，都是現況問題（高室成幸，2015）。面試技巧步驟包括通知、檢討、面試當日、準備、計畫，如**表2-4**所示。

表2-4　面試技巧步驟

	通知		檢討		面試當日			準備		計畫			
新任職員	內定辭退的預防	採用聯絡	合否決定	面試評價表單	實技觀察	質問面試	面試紀錄	面試前模擬	複數面試決定	職種別招募開始	採用方針	採用計畫建立	採用面試的方法
	資料篇		有表單										

資料來源：高室成幸（2015）。

無論是有無經驗者轉職，面試過程從採用者的履歷表填寫，第一次面試的理念、行動指針、業務內容的說明、筆試、實際觀察，第二次面試時，主管採用合用檢討，到採用通知、入職後三日到五日新人研修學習。一般來說，有三年以上經驗，在同一個單位就業者，是穩定度較高的面試者。**圖2-5**爲有經驗者的採用，喜與人互動、有將來性、有介護經驗的成長經驗和年齡限制、想工作的失敗經驗的比較。

對求職者來說，工作動機要喜歡、有趣，個人要才能、自我實現能力、自我成長能力，有使命感意義、價值、自身經驗，且要爲生活、家計就業，最重要的是要對服務抱懷理想而來工作。同時還要產

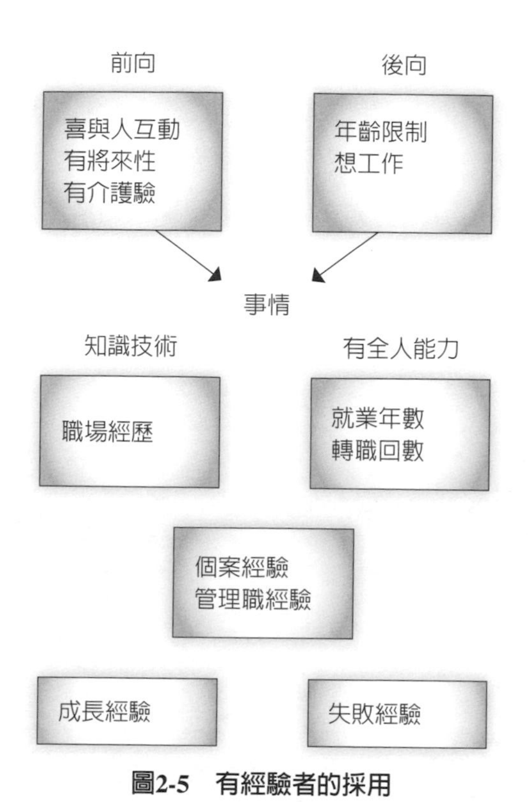

圖2-5 有經驗者的採用

資料來源：高室成幸（2015）。

生十個特點。工作六個月不滿一年的人的轉職動機爲何，需要去瞭解，才能知人善用，找到好的人才。人際關係、業務內容、配置、待遇、給薪、福利，或身體不好、結婚、搬家、育兒、介護、技能再進修，都會影響就職和轉職的問題（高室成幸，2015）。

表2-5筆記經驗、**表2-6**面試提問和**表2-7**實技觀察，使用在面試時，面試官對面試者能力測驗的結果，來判斷是否任用。撰寫經驗包括照顧知識、醫療知識、一般知識的測驗，社會常識、人生觀、價值觀、人類力、思考的方法、書寫作文。面試提出十個問題詢問，包括希望動機（喜歡、有趣、才能、能力、意味、價值、生活、家計）、能

力、意願、個性、協調性、柔軟度、能力、壓力耐性、學習力和積極性。另外要提問有關工作動機，包含對工作喜歡且有興趣、有才能及專業能力、瞭解服務意義與價值，當然還包括生活家計。實技觀察的部分，可以用角色扮演的方式，來完成照顧技術測試，包括目線、距離、聲音、移動、移動和乘車、食事介助、體位變換、向上站立和認知症。加上面試洽談觀察表情、提問、傾聽，還有實務工作中的文書力、文件完成和電話對應。

表2-5　筆記經驗

1 筆記經驗	照顧知識	醫療知識	一般知識	test
	社會常識	人生觀 價值觀	人類力 思考的方法	作文

資料來源：高室成幸（2015）。

表2-6　面試提問

2 面試提問	10個問題詢問				工作動機	
	希望動機	能力	意願		喜歡有興趣	才能能力
	個性	協調性	柔軟度			
	能力	壓力耐性	學習力	積極性	意義價值	生活家計

資料來源：高室成幸（2015）。

表2-7　實技觀察

3 實技觀查	角色扮演	照顧技術				洽談面試		實務
		目線	距離	聲音		表情		文書力
		移動	移動&乘車	食事介助	+	提問	+	文件完成
		體位變換	向上站立	認知症		傾聽		電話對應

資料來源：高室成幸（2015）。

人才育成九要點，即九個教練型COACH，包括跟部下相關的過程、部下自動、安心環境、部下強項指導、重視努力成長、認同個人思考作法、部下問題解決、部下眞話聽取、可以的權限下放（葛田一雄，2011）。人才育成需要時間，不論是新人訓練，或是高階主管培訓，都在爲組織建立人才資源。長照人員人才建置，需要做短、中、長程的發展規劃。

第二節　日本介護工作發展

日本介護保險自2000年執行至今，短短十五年的執行與探討，於2015年檢視老齡人口的快速增加及百歲人口在2050年的人口數，在2015年已經發展出各種研究及座談會，相對應台灣的長照計畫，日本確實有許多地方可以讓台灣借鏡。長照2.0時代後的新服務世代，是一個檢視服務的好的開始，平台建置與服務模式經營，都不再是短期計畫，而是面對台灣老年人口增加後，提升各單位中、長期管理能力的經營方向。

少子化世代後的第一幕，是介護保險的舞台，第二幕是大介護時代，也就是介護保險的十五年間，會產生男性化、血緣化、多樣化、長期化、多重化五個型態的介護型態發展。

1.男性化：男性被介護者增加，退休者增加，社會保險費的最大負擔者失去。

2.血緣化：家人介護退場（早期是太太、家人照顧）。

3.多樣化：二老老化（老老介護）、年輕化、遠距離化。

4.長期化：生涯化（漸多生涯介護者增加）。

5.多重化：同時多開發介護（若林靖永、樋口惠子編，2015）。

NHK於2010年報導「無緣死，32,000人的衝擊」，人際關係疏離，單身社會世代顯著的問題，在宅（居家）介護、地域（區域）介護、生涯介護、認認介護（失智症及腦中風照顧）、老老（老人照顧老人）介護（若林靖永、樋口惠子編，2015），是日本近幾年來在許多非營利組織與營利單位，做經營管理服務模式設計時的趨勢及發展方向。

無緣死

無緣，是指一個人不和外界聯繫，失去社緣、血緣、地緣此三緣。社緣，是你和社會的聯繫；地緣，是離開故鄉到外地工作。無緣社會，長期獨居，失去三緣者，年老獨自面對死亡，消失在社會。

壹、日本介護保險制度下的長照產業發展

日本某協會在2013年成立「介護情報提供員」窗口及認定制度，包括區域健康點設置。藥局做情報提供來店客，由藥局之一人取得資格。神奈川縣某店併設型通所介護（day service）設施及營運，包括介護預防動作、回復訓練的實施，介護用品六百多種，福祉、介護相談、福祉用具專門相談員、介護福祉士說明商品、介護保險的內容等，情報提供，用品、冷凍食品、藥局、健康美膳、健康宅配事業部、協力開發便當，通力能源、調整食、家用電子用品、管理營養士製作的安心食材等（若林靖永、樋口惠子編，2015），日本介護保險制度下的長照產業蓬勃發展且具前瞻性（參考網址www.createsdhd.co.jp）。日本介護保險制度下，長照產業蓬勃發展，且將高齡者社區照顧多元發展。

一、日本介護發展

日本介護發展，自1994年開始，從高齡者保健福祉計畫、介護保

險、高齡社會對策基本法成立、「新黃金計畫」及「黃金計畫21」策定，到2001年高齡社會對策基本法新的大綱策定。

1. 1994年改定「高齡者保健福祉計畫」。
2. 1995年「高齡社會對策基本法」成立。
3. 1999年「新黃金計畫」、「黃金計畫21」策定，介護服務的充實，高齡者時代有活力的社會架構重點設置，青春的高齡者作戰，區域互相支持。
4. 2000年導入介護保險。
5. 2001年「高齡社會對策基本法」新的大綱策定，地域社會的機能活化，男女共同參與，預防準備的重視（高橋元、光多長溫，2012）。

二、銀髮就業與勞動對策

厚生省於1978年之厚生白書中，計算日本平均餘命的推估，如**表2-8**所示。1965年到1975年的十年間，平均餘命增加4歲。因此，就業者的勞動及僱用，高齡者的僱用對策和所得保障制度方式，在日本一直持續討論，以產生最適模組。日本高齡者僱用支援政策的展開，包括1965年到1973年的對策制定，影響日後就業市場的各項發展。不斷檢討非正規僱用、社金保險的分裂和醫療從事者的長時間勞動。1973年第二次僱用對策基本計畫，退休年齡到達者再就職援助計畫（濱口桂一郎，2013）。

表2-8 日本平均餘命的推估

年	1925	1935	1945	1955	1965	1975
男	42.1	46.9	23.9	63.6	67.7	71.8
女	43.2	49.6	37.5	67.8	72.9	77.0

資料來源：厚生省於1978年之厚生白書。

1. 1965年：中高齡者的適職七八職種的選定。
2. 1971年：中高齡者的僱用促進特別措置法制定（1976、1986、1990、1994也有改正）。
3. 1973年：僱用對策法改正。
4. 2004年：勞動基準法改成三年契約。

北浦於2003年研究民間事業所，55歲以上中高齡者法定僱用率，最高分別爲雜務者70%和清潔員65%。這項規定讓日本銀髮就業人力增加，補充銀髮人力。

三、新型介護

新型介護的範圍包括高齡者介護、生活介護、三大介護、障礙、認知症、介護預防、臨終介護（大田仁史、三好春樹，2014）。介護現場的3K是工夫（Kong Fu）、健康（Kenkong）、感動（Kandon）。介護的社會化包含介護關係（家人協助）、案主、介護力、介護職、介護及醫療多方關係的連結，如**圖2-6**所示。在宅介護，如**表2-9**所示，包括1S和5M，Space、Member、Manner、Machine、Management和Mind。1S代表床車子出入、出院介護，5M代表成員、禮節、介護用品、管理、心智。

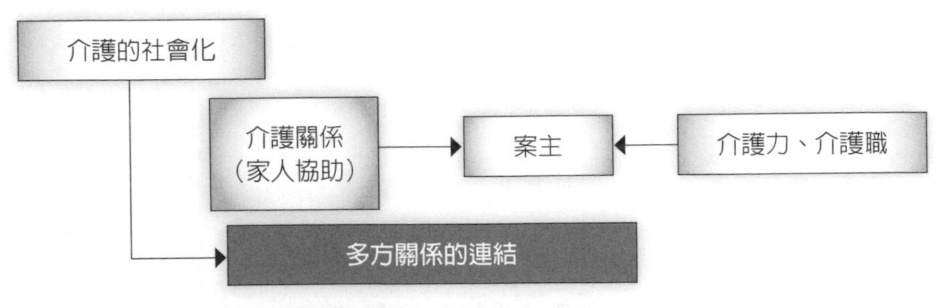

圖2-6　介護的社會化

資料來源：大田仁史、三好春樹（2014）。

表2-9 在宅介護1S和5M

1S	Space	床車子出入、出院介護
5M	Member	成員
	Manner	禮節
	Machine	介護用品
	Management	管理
	Mind	心智

資料來源：大田仁史、三好春樹（2014）。

四、介護內容及復原

日常生活動作（Activities of Daily Living, ADL）是指日常生活中，普通生活治療、身體機能回復，食事、排泄、入浴等。**表2-10**爲日常生活行爲ADL評價表。

表2-10 日常生活行為ADL評價表

	項目	生活行為狀況	生活行為狀況概略				
共通項目	吃飯			全協助	半協助	一部分協助	1人OK
	排泄			全協助	半協助	一部分協助	1人OK
	入浴		不能走	全協助	半協助	一部分協助	1人OK
個別項目	外出		不能走	全協助	半協助	一部分協助	1人OK
	攝影		不能走	全協助	半協助	一部分協助	1人OK

資料來源：大田仁史、三好春樹（2014）。

復原輪，即復原的循環，提供從生活期（維持期）到終末期的各種服務，急性期到回復期，經過在宅、就勞、復學、療養型病院、施設、緩和照顧，其狀態和時期之對應行動，如**圖2-7**所示。

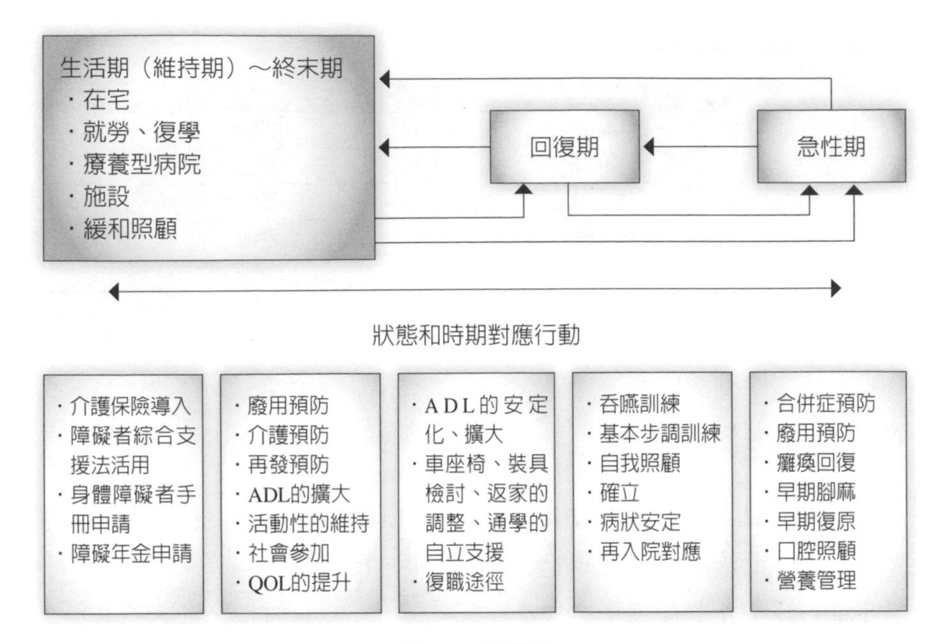

圖2-7　復原輪

資料來源：大田仁史、三好春樹（2014）。

病人、醫師和介護者間，如何在社區介護中，整合連結成一線，病人醫療問診，醫師提供情報及介護忠告，介護者提供病人介護觀察，病人產生介護依賴。病人詢問醫師用藥、睡眠、困擾之事、症狀、陳述。醫師介護患者食事（用餐）、外出用餐、發熱症狀觀察報告，介護觀察天氣冷熱、食慾、吃藥後反應、說話、行爲。介護過程環環相扣，讓介護相關三方，建立新型介護關係，如**圖2-8**所示。

貳、日本介護福祉士與介護支援專門員

日本介護福祉士，大致等同台灣的照顧服務員，提供身心照顧、入浴、食事、排泄介護服務。日本在介護的專業職務上，介護支援專

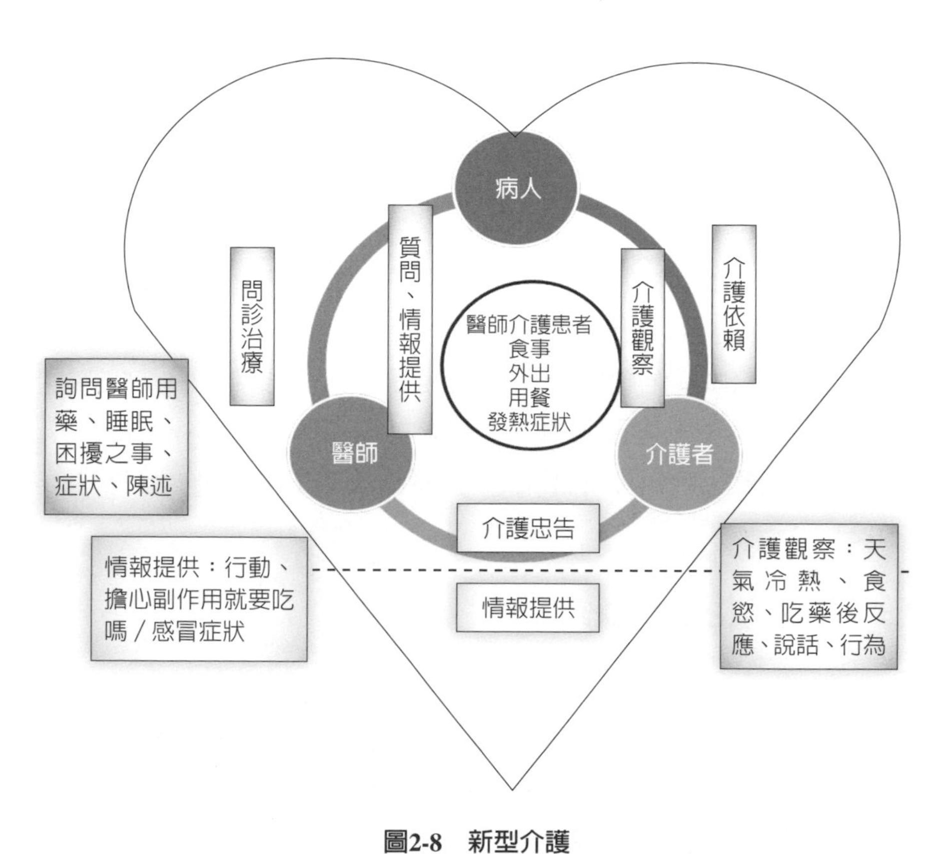

圖2-8 新型介護

資料來源：大田仁史、三好春樹（2014）。

門員（care manager）大致等同台灣的居家服務督導工作，完成介護保險相談、照顧計畫作成、作認定調查等。主任介護支援專門員等同於台灣的督導、組長或單位主管，介護保險制度於2006年（日本平成18年），創設「主任介護支援專門員」，需介護支援專門員有五年實務經驗，工作重點在體制的強化、專門性、品質提升。主任介護支援專門員的三個機能。

1.支持機能：壓力管理。

2.教育機能：知識、技術。

3.管理機能：人際溝通（社團法人京都府介護支援專門員會，2012）。

一、介護職務

日本在介護的專業職務上，包括介護支援專門員和介護福祉士，其他專業職務還包括物理治療師（PT，日本稱理學療法士）、職能治療師（OT，日本稱作業療法士）、言語聽覺士、語言訓練師（ST）、社會福祉士（福祉專門知識）、相談員、訪問介護員（需修得證書）、訪問理美容和訪問齒科（トータルセ力ンドライフ研究會，2012）。

二、介護福祉士的工作

介護福祉士的工作，包括身體照顧服務、家事服務、健康管理、社會活動援助、照顧計畫和諮商。**表2-11**爲要支援、要介護度，依照狀態及認知基準，而有不同的支付額度。介護分級包括一種支援形態和要五級介護度，以狀態、認知基準、每月支付限度額區分。

1.身體照顧服務：用餐、洗臉、整理儀容、排泄、入浴、身體擦拭清潔、衣服的穿脫、移位、步行、乘車。

2.家事服務：掃除、洗濯、調理、餐後餐具清理、代買物品、整理床鋪、代寫文書、代打電話。

3.健康管理：氣色觀察、全身狀況觀察、有無咳嗽、體溫脈搏測量、食慾檢查、排泄檢查、醫療機關服務員、水分補給、室溫管理。

4.社會活動援助：外出協助、社團活動指導、參加社團活動。

5.照顧計畫：參加介護計畫，照顧紀錄、聯絡團隊職員、出席會議。

表2-11 要支援、要介護度

區分	狀態	認知基準	支付限度額（月）
要支援	社會支援	不需介護、障礙不高	6萬日幣
要介護1	生活部分支援	步行不安、入浴	17萬日幣
要介護2	輕度	不能步行、排泄、入浴部分協助	20萬日幣
要介護3	中等度	可步行、排泄、入浴安全介助	27萬日幣
要介護4	重度	日常生活能力低、大多需全面介護	30萬日幣
要介護5	重度	日常生活能力低、全面需介護	36萬日幣

資料來源：ASTRA醫療福祉研究グループ（2004）。

6.諮商：服務利用者本人的諮詢受理、家屬的諮詢受理（ASTRA醫療福祉研究グループ，2004）。

三、介護負擔

介護人員也會產生身體的負擔、腰痛等症狀，需要介護專門家、介護指導專家、輔具應用專家的指導，來減少工作的職業傷害產生。男性介護者的負擔，在於家事服務中的衣類整理工作較弱。還有認知症照顧（失智症照顧）的精神介護負擔，幻覺、妄想、不眠、徘徊等症狀，對介護人員造成的照顧壓力，可以尋求利用周邊社會資源。在宅看顧、對死亡的恐懼、家族精神支援協助是家人的介護負擔。介護保險中，長者自付額一成，即可享有介護服務，減輕介護負擔（松田美智子、藤川孝滿、藤本文明、垰田和史，2015）。

四、介護福祉士資格條件

表2-12是2001年日本介護福祉士會「第4回介護福祉士的就勞實態和專門性的意識有關調查報告表」，指出介護福祉士資格條件，依照調查所做的排比。其中服務利用者理解態度、尊重人的價值觀、介護理論、狀態、對應能力技術占前三名，分別爲54.8%、48.9%和42.8%。

表2-12　介護福祉士資格條件

1	服務利用者理解態度	54.8%
2	尊重人的價值觀	48.9%
3	介護理論、狀態、對應能力技術	42.8%
4	喜歡介護工作	40.5%
5	健康勞動、耐力、體力	26.2%
6	溫和	23.7%
7	研究心、向上心強	19.7%
8	責任感強	12.9%

資料來源：ASTRA醫療福祉研究グループ（2004）。

五、介護福祉士國家考試科目和養成設施課程

介護福祉士國家考試科目爲一般教科，包括社會福祉概論、老人福祉論、身障者福祉論、康復論、社會福祉援助技術、娛樂活動援助法、老人／身障者的心理、家政學概論、一般醫學、精神保健、介護概論、介護技術、形態別介護技術共十三科，而實習科目爲介護技術原技。養成設施課程含人文科學系、社會科學系、自然科學系、外國語、保健體育五科，與一般教科差異，增加講習、演習、家政學實習、介護實習（實習）和實習指導（演習），減少一般醫學和精神保健兩科。**表2-13**中詳細列出介護福祉士國家考試科目和養成設施課程及應修習時數表。

六、介護福祉士工作目標

如何達成介護福祉士禮儀目標，除了相互信賴安心、提供專業技術給利用者，還要有問題解決的能力。如**圖2-9**所示。

表2-13 介護福祉士國家考試科目和養成設施課程

		國家考試科目	養成設施課程	時數
專門科目		一般教科	人文科學系、社會科學系、自然科學系、外國語、保健體育五科	120
	1	社會福祉概論	社會福祉概論	60
	2	老人福祉論	老人福祉論	60
	3	身障者福祉論	身障者福祉論	30
	4	康復論	康復論	30
	5	社會福祉援助技術	社會福祉援助技術（講習30，演習30）	30
	6	娛樂活動援助法	娛樂活動援助法 演習	60
	7	老人、身障者的心理	老人、身障者的心理	60
	8	家政學概論	家政學概論 家政學實習	60 實習90
	9	一般醫學		90
	10	精神保健		30
	11	介護概論	介護概論	60
	12	介護技術	介護技術（演習）	150
	13	形態別介護技術	形態別介護技術（演習）	150
實習		介護技術原技	介護實習（實習） 實習指導（演習）	450 90

資料來源：ASTRA醫療福祉研究グループ（2004）。

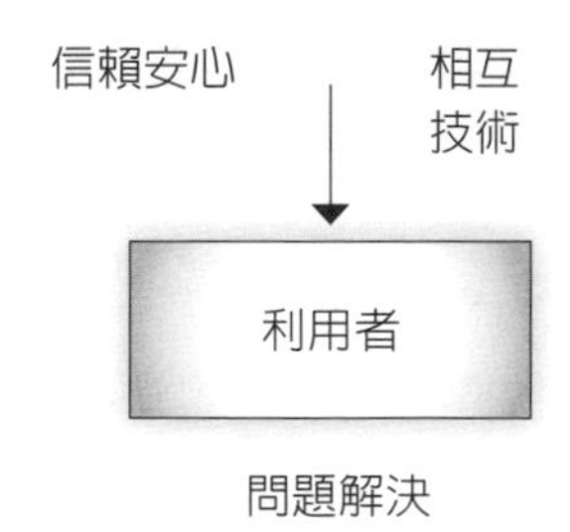

圖2-9 介護福祉士工作目標

資料來源：仙台醫療福祉專門學校教科書出版委員會（2004）。

介護工作必要的資質包括立定工作目標、任勞任怨、喜歡接觸人、喜歡幫助他人、溫和、會做得很好再離開、同理高齡者、按照時間表做事、可同感、不同價值觀、臨危不亂、喜歡身體運動、喜求知、自信自己健康、善良、可吃苦，共15點。得分11～15分，適合此工作，得分6～10分需努力加強，得分0～5分者得多考慮，自己是否適合此工作（社團法人日本介護福祉士會，2009）。

七、專業分享與個案研究

社會福祉士和介護福祉士是長壽大國的支柱，福祉等於幸福（法學書院，2010）。專業人士的分享和個別案例研究的普遍分享，是推動照顧產業的方法。訪問介護服務灰色地帶問題，和相關合理介護服務費計算指南，總是引起廣泛討論，藉由個案研究、專業書籍將各種情境作知識分享，可以做成「居宅服務計畫書」，讓服務更符合專業與期待。舉例來說，醫療行爲到哪個程度是不能被認可的？居家照顧時的案例爲何？醫療行爲的實施爲何？個案是造口病人，這個時候怎麼辦？對應舉例處置方式（能本守康，2012），如**表2-14**所示。

表2-14　個案研究方式

問題一：醫療行為到哪個程度是不能被認可的？
訪問介護
醫療行為的實施
這個時候怎麼辦？
造口個案
對應舉例

參、介護服務相關

介護的本質是幸福追求權、生存權和一人多樣性尊重，如**圖2-10**所示。醫療從事者、訪問看護師、介護職員，將醫療與介護連結，如**圖2-11**所示。以下就介護服務及需求評估方案分述說明。

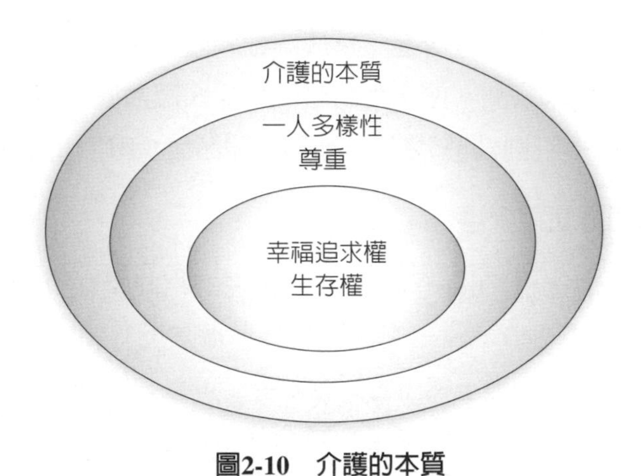

圖2-10　介護的本質

資料來源：葛田一雄（2011）。

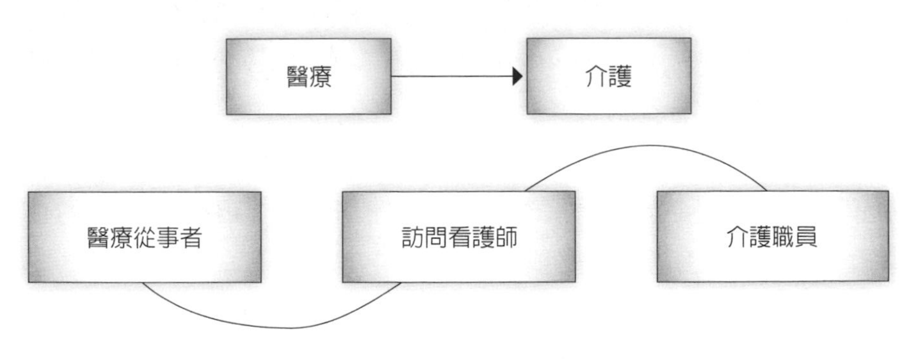

圖2-11　醫療和介護的連結

資料來源：葛田一雄（2011）。

一、介護服務

(一)介護保險（使用）條件十六個特定疾病

40～64歲「介護保險（使用）條件十六個特定疾病」，包括筋萎縮性側索硬化症、後縱韌帶骨化症、骨折和伴隨之骨質疏鬆症、多系統萎縮症、初老期認知症、脊髓小腦變性症、脊柱管狹窄症、糖尿病性神經障礙、糖尿病性腎症、糖尿病性網膜症、早老症、腦血管疾病、巴金森病關聯疾病、閉塞性動脈硬化症、關節風濕症、慢性閉塞性肺疾、肝末、兩側膝關節變形、變形性關節症（田中元，2014）。

(二)腦中風和認知症介護

腦中風出院後的在宅介護，需要醫院的相談員做介護認定，醫院附近的支援中心介入，介護3訪問看護增加動作訓練（田中元，2014）。認知症的介護，經由醫師意願書，可以安排到通所介護（day service），通所介護指的是通所介護、通所復原所、通所看護。認知症GH短期利用，使用短期入所生活介護、短期入所療養介護、特定設施短期利用。介護環境整修、福祉用具租借、特定福祉用具購入、住宅改修費。介護人員完成介護日記、介護報告。成人監護的必要性，還有認知症前的公正證書，生前的意思確認和尊嚴死，宣言書（可參考日本尊嚴死協會資訊）。

認知症的心理，認爲不安是對自己存在的不確定。認知症沒有記憶障礙，其周邊症狀分類爲三（竹內孝仁，2013）。**圖2-12**認知症的心理，說明認知症所產生的各種心理症狀。

1.葛藤型：對狀況有異常反應，興奮、粗暴、徘徊、收集物品、收藏人、飲食習慣改變。

2.游離型：對症狀沒有反應，無感動、無爲、無動。

3.回歸型：回歸到以前的人生，徘徊在家及家鄉。

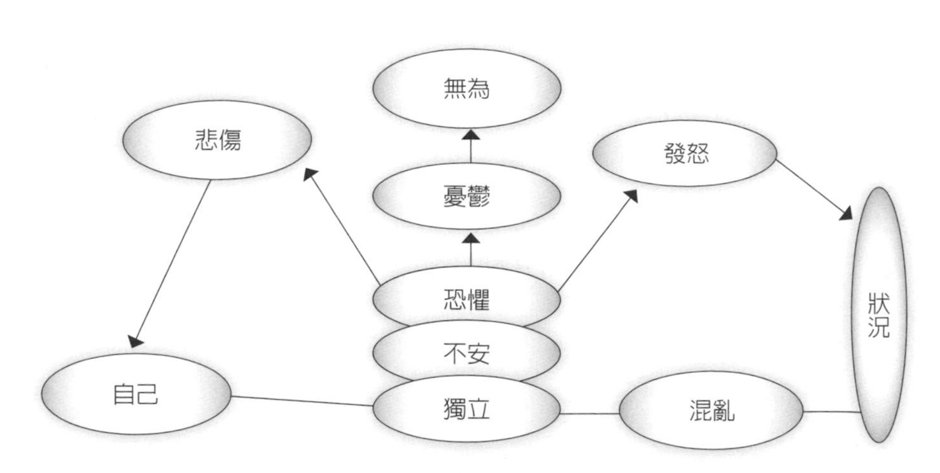

圖2-12　認知症的心理

資料來源：竹内孝仁（2013）。

(三)介護服務提供及醫療行為的避免

照顧計畫的種類（介護服務計畫），如**表2-15**所示。以生活場所區分在宅、設施、居住。以狀態區分要介護者和要支援者。服務種別

表2-15　照顧計畫的種類（介護服務計畫）

對象／內容 生活場所	狀態區分	服務種別選定 What	服務提供程序 How
在宅	要介護者 要支援者	居宅服務計畫 介護預防服務計畫	個別援助計畫（事業所）
設施	要介護者	設施服務計畫	個別援助計畫（職種）
居住	要介護者	特定設施服務計畫 小規模多機能型居家介護計畫 認知症對應型共同生活介護計畫	個別援助計畫（事業所／職種）
	要支援者	介護預防特定設施服務計畫 介護預防小規模多機能型居家介護計畫 介護預防認知症對應型共同生活介護計畫	

資料來源：社團法人京都府介護支援專門員會（2012）。

選定和服務提供程序。地域支援中心、對應三職種、主任介護支援專門員、社會福祉士／保健師（讓人健康的專門家）。

在宅看護的評估到提供服務，用到的表單有訪問看護指示書、訪問看護計畫書、訪問看護報告書。要支援者和要介護者的區分，可以從以下五點來判斷，也可以用分數的界定值來看。

●一個人能做（沒有問題）　　✣全部照顧協助的必要

○關懷支持的必要　　✲1日中合計要照顧的時間

△一些協助的必要

要支援1

分數25分以上
分數32分以上

	站立	移動	排泄	吃飯	認識力
○	○	○	●	●	●

要支援2

分數32分以上
分數50分未滿

○	○	○	●	●	●

要介護1

○	○	○	●	●	○

要介護2

●	●	●	●	●	●

要介護3

△	△	△	✣	○	△

要介護4

✣	✣	△	✣	△	✣

要介護5

✣	✣	✣	✣	✣	✣

(四)介護福祉倫理綱領與義務

日本在2015年老年人口比率為26.7%，已經突破超高齡社會21%的最低比率（高齡社會14%，高齡化社會7%）。日本憲法、介護保險法、身障者基本法，三法對於人類尊嚴及自立能力都有說明。人的尊嚴和自立生活能力、人際關係、溝通、社會認知、基本照顧、照顧技術、生活支援技術、介護過程、認識老化發展、認識失智症、認識身障、心理和身體的機制、醫療照顧。使用者的尊嚴，自律，自立更生，是健康照顧服務的目標。介護福祉士常見題目，可以參考www.u-can.jp。介護福祉法中有關介護福祉士的義務，參考**表2-16**所示。日本介護福祉士會倫理綱領有七點，如下所示。

1.使用者本位，自立能力支援。

2.提供專業服務。

3.隱私保護。

4.提供綜合服務，積極協力合作。

5.使用者資料代轉。

6.推動社區福利。

7.未來接班人的培育（ユーキャン介護福祉士試験研究会，2016）。

表2-16　介護福祉法中有關介護福祉士的義務

誠實義務	第44條之2	誠實遵行業務執行中使用者之個人尊嚴及日常生活自立能力養成
禁止損失信用行為	第45條	不得有傷害介護福祉士信用的行為
保密義務	第46條	非正當理由，不得洩漏業務相關秘密
合作關係	第47條第二項	福利服務相關者保持合作（福利，保健醫療服務提供者）
資質向上提升的義務	第47條之2	努力提升照顧服務相關知識及技能

資料來源：ユーキャン介護福祉士試験研究会（2016）。

表2-17日本主要介護保險關聯服務內容，主要是看設施、居住服務、在宅服務、社區密集型服務、福祉用具的購入、住宅修改費補助支付。設施、居住服務又包含介護保險設施、有料老人Home（收費型老人之家）及高齡者住宅（生島ヒロシ，2013）。

二、需求評估方案

需求評估方案，日本以需要機能評估，基本日常生活動作ADL和日常生活動作IADL兩項為主。

表2-17　日本主要介護保險關聯服務內容

<table>
<tr><td rowspan="5">設施、居住系服務</td><td rowspan="3">介護保險設施</td><td>特別養護老人Home（特養）：認知症等長時間介護必要場合的設施（主要社會福祉法人營運）</td></tr>
<tr><td>介護老人保健設施（老健）：在宅回報目標設施（主要醫療法人營運）</td></tr>
<tr><td>介護療養型醫療設施（療養病床）心臟病患、長期療養</td></tr>
<tr><td>有料老人Home</td><td>介護付費老人Home（主要民間營運）</td></tr>
<tr><td>高齡者住宅</td><td>住宅型付費老人Home（租貸契約）</td></tr>
<tr><td rowspan="3">在宅服務</td><td colspan="2">訪問介護（食事、排泄介護協助、洗衣、打掃）</td></tr>
<tr><td colspan="2">通所介護（食事、入浴、接送）</td></tr>
<tr><td colspan="2">短期入所生活介護、特養老人Home、一時需要照顧</td></tr>
<tr><td>社區密集型服務</td><td colspan="2">定期巡迴、對應訪問介護看護、夜間對應型訪問看護、認知症對應型共同生活介護</td></tr>
<tr><td>福祉用具的購入</td><td colspan="2">車子步行器、特殊寢台、腰掛便座、簡易便所、九成補助，上限一年10萬日幣</td></tr>
<tr><td>住宅修改費補助支付</td><td colspan="2">床材變更等九成補助，上限20萬日幣</td></tr>
</table>

資料來源：生島ヒロシ（2013）。

(一)日本以需要機能評估

使用需要機能評價和評價法，用ADL和IADL來評估，如下：

1.基本日常生活動作ADL：（基本）用餐、入浴、更衣、移動、如廁、步行、排泄管理。

2.日常生活動作IADL：電話、置物、家事（食事、洗衣）、外出、移動、服藥管理、金錢管理。

3.認知機能。

4.情緒傾向。

5.生活品質（QOL）。

6.意欲（Vitality）。

(二)照顧計畫

介護服務提供：(1)居家介護服務；(2)施設介護服務；(3)地域密著型介護服務（田中元，2014）。介護者需經訓練才能抽痰，只能10～15cm的範圍，因爲抽痰是醫療行爲，介護職在一定條件下才能執行，但管灌（經管營養）是屬於介護職（大田仁史、三好春樹，2014）。

居家失智症患者照顧計畫、介護紀錄、生態地圖的記載案例，從**圖2-13**日間服務、**圖2-14**家系圖的記載和**表2-18**居宅服務計畫書來看介護計畫（下垣光，2013）。介護支援專門員依照民生委員的建議，提供日間服務給90歲案主，其他服務不足的時間，由家族人員來協助。家系圖的記載，看出案主或相關家族人員的性別、存活紀錄、婚姻狀態。

居宅服務計畫書也提供生活解決課程，給自己不能處理吃飯問題的案主。分成目標和援助內容兩部分，短期目標爲協助會做三餐，長期目標爲煮給家人滿意料理。援助內容爲服務內容和服務種別，a食事、b煮飯、c一起做菜，服務種別爲ac本人做、abc家族一起行動，b交給訪問介護處理。

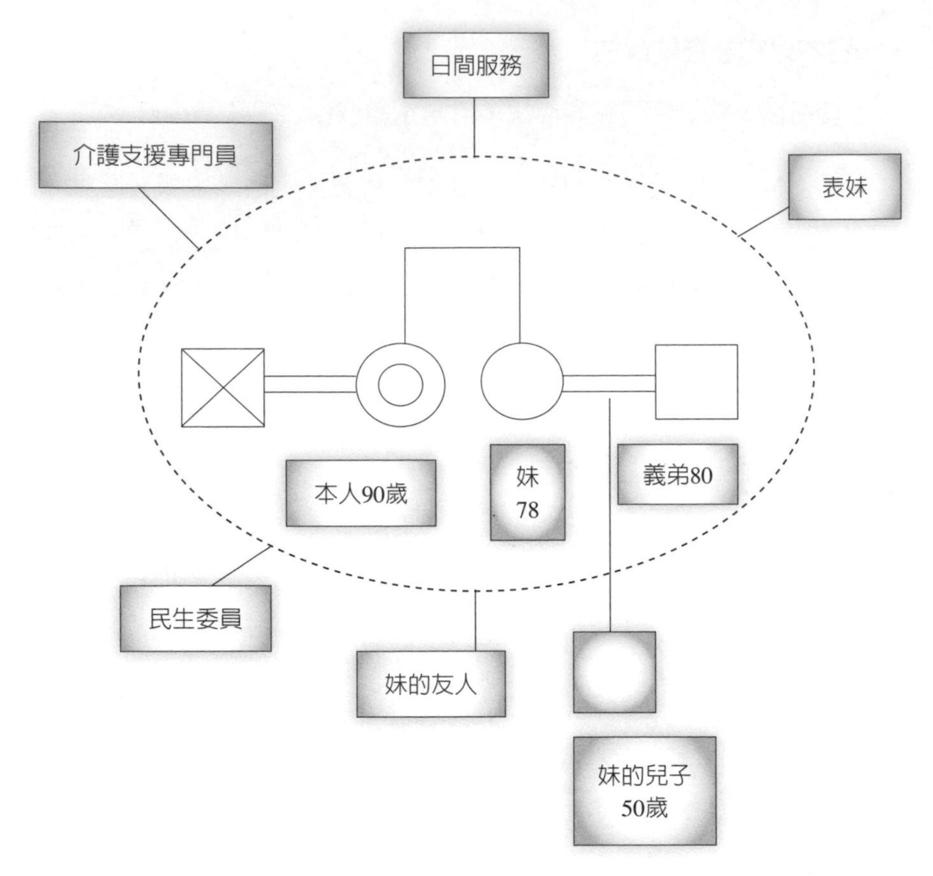

圖2-13　日間服務

資料來源：下垣光（2013）。

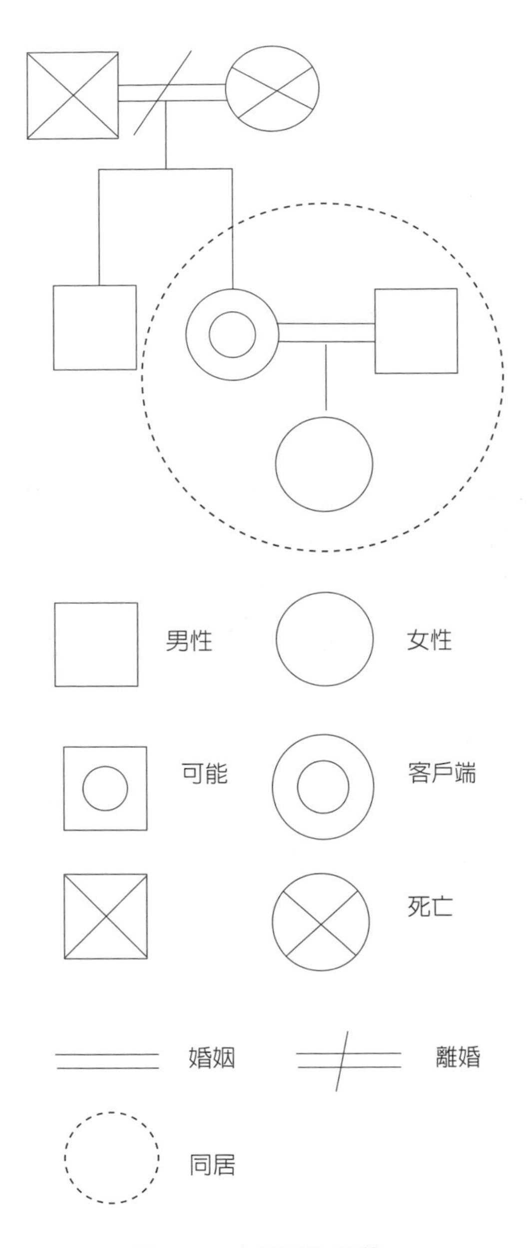

圖2-14　家系圖的記載

表2-18　居宅服務計畫書

生活解決課程	目標				援助內容		
	長期	期間	短期	期間	服務內容	*1	服務種別
自己不能吃	煮給家人滿意料理	H24/5～H24/4	會做三餐	H24/5～H24/7	a食事 b煮飯 c一起做菜	0	ac本人 b訪問介護 abc家族

肆、日本介護經營

大企業的滲入及多樣事業者的參與，是日本介護經營發展模式。當日本於2025年認知症患者達320萬人，社區照顧著重在認知症的早期診斷、齒科醫師、民生委員、保健推進員等設置。將來介護採「人」的意識，知識將流通，改變成自助、公助、共助形式。

一、老老介護準備

人生最大的一場準備是老老介護準備，介護保險要40歲以上國民加入，第一號被保險者，年金領取年齡爲65歲以上，第二號被保險者爲40～64歲，健保費和國民健保費一起徵收，介護認定申請包括：

1.要支援（2階段）。
2.要介護（5階段）。

支援30萬円
自付30萬円

舉例來說，要介護4的1日15,000日幣，5～20日總共30萬円，自費3萬日幣。若是24小時每日介護，日額60萬日幣，屬於介護4（生島ヒロシ，2013）。

二、夜間服務

從「未來志向研究項目在宅24小時安心提供体制系統調查研究事業報告書」中顯示，夜間服務提供晚間護理巡邏，通話請求介護協助111通中，深夜就有82通。但實際使用服務者只有3人。深夜30分未滿372円，基本料金月額1,105円，通話費1分42円，隨時訪問派遣2名，1回281～862円，中心有1日3人對應（操作者，護理師，幫手helper），其中包括介護福祉士1級資格，如**表2-19**所示（高橋元、光多長溫，2012）。

工作內容對應包括：

1.A客戶（老人）：有任何問題時，手押即可對話。

2.B操作中心：馬上對話，登錄情報。

3.C介護職員（staff）：staff出動必要性的判斷，介護職員出動提供服務，緊急時聯絡主治醫師和救護車。

表2-19　晚間護理巡邏狀況報告（平成15年1～3月份）

<table>
<tr><th>時間區分</th><th>通話回數（回）</th><th>實利用者數（人）</th><th>訪問</th><th>回數</th><th>（回）</th><th>電話對應（回）</th><th>試按（回）</th><th>誤報（回）</th></tr>
<tr><td rowspan="2">深夜</td><td rowspan="2">82</td><td rowspan="4">3</td><td rowspan="2">67</td><td>30分未滿</td><td>1小時未滿</td><td rowspan="2">7</td><td rowspan="2">6</td><td rowspan="2">2</td></tr>
<tr><td>64回</td><td>3回</td></tr>
<tr><td rowspan="2">早朝</td><td rowspan="2">14</td><td rowspan="2">14</td><td>30分未滿</td><td>1小時未滿</td><td rowspan="2">0</td><td rowspan="2">0</td><td rowspan="2">0</td></tr>
<tr><td>12回</td><td>2回</td></tr>
<tr><td rowspan="2">時間外</td><td rowspan="2">15</td><td rowspan="2">3</td><td rowspan="2">0</td><td>30分未滿</td><td>1小時未滿</td><td rowspan="2">4</td><td rowspan="2">8</td><td rowspan="2">3</td></tr>
<tr><td>0回</td><td>0回</td></tr>
<tr><td>合計</td><td>111</td><td>6</td><td colspan="3">81</td><td>11</td><td>14</td><td>5</td></tr>
</table>

資料來源：高橋元、光多長溫（2012）。未來志向研究項目在宅24小時安心提供体制系統調查研究事業報告書（平成16年3月）世田谷區。

三、使用服務申請流程

一般高齡其最初的障礙有三，步行能力喪失、排泄障礙、用餐障礙，所以「要支援、要介護」。介護預防於2006年開始（鈴木隆雄，2012）。而給付制度和超高齡社會的各項介護服務，因介護保險給付的配搭，而有多元化的發展模式。**表2-20**是區分支付限度基準額（円是日幣，再依照現行匯率換算成台幣計算）。

表2-20　區分支付限度基準額

區分	利用限度額（日額）	自己負擔額（月額）
要支援1	47,900円程度	4,790円程度
要支援2	104,000円程度	10,400円程度
要介護1	165,800円程度	16,580円程度
要介護2	194,800円程度	19,480円程度
要介護3	267,500円程度	26,750円程度
要介護4	306,000円程度	30,600円程度
要介護5	358,300円程度	35,830円程度

資料來源：トータルセカンドライフ研究會（2012）。

圖2-15爲厚生勞働省介護保險服務利用的手續參考作成，利用者由政府的介護保險窗口，由介護服務的利用計畫，再提供介護給付與預防給付。而由介護預防照顧計畫看介護預防事業及市政府的實際情況應對服務，對應地域支援事業（生島ヒロシ，2013）。

圖2-16爲2050超高齡社會コミュニテイ（込煮亭，kominitei）構想（若林靖永、樋口惠子編，2015）。這是集合館的概念，解決日用品購買、諮商、學習、用餐、跟NPO等的連結，成爲區域支援中心。

込煮亭（kominitei）運行委員會在商店街空店鋪，發展地區居民、咖啡餐廳、訪問介護中心，生活綜合支援三合一構想的超高齡社會社區健康規劃與健康照顧的雛型。集合館就是聚會的房子，工作和

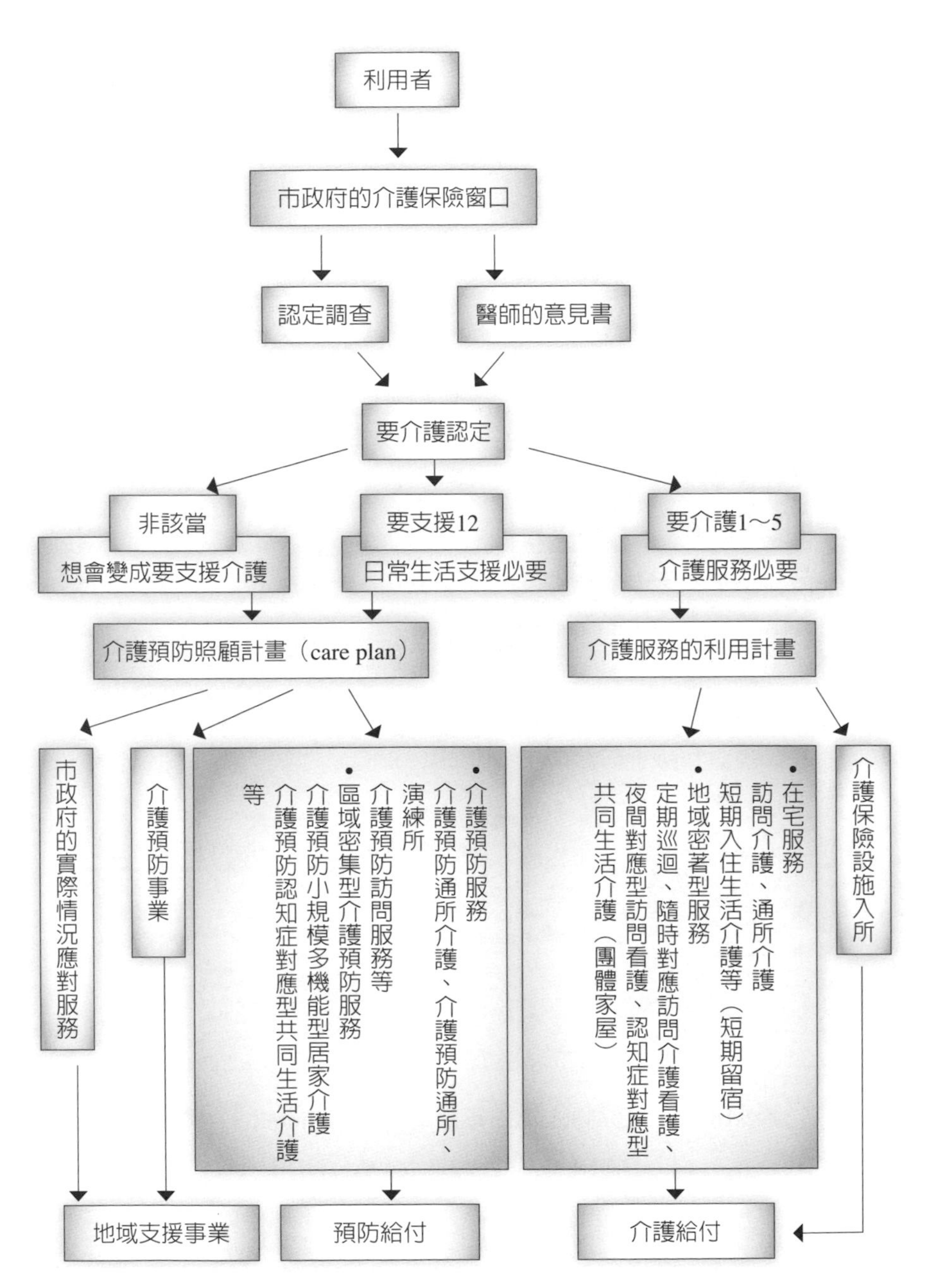

圖2-15 厚生勞働省〈介護保險服務利用的手續〉參考作成

資料來源：生島ヒロシ（2013）。

介護並存的區域（若林靖永、樋口惠子編，2015）。小學校區的保老區，也將成為新趨勢。

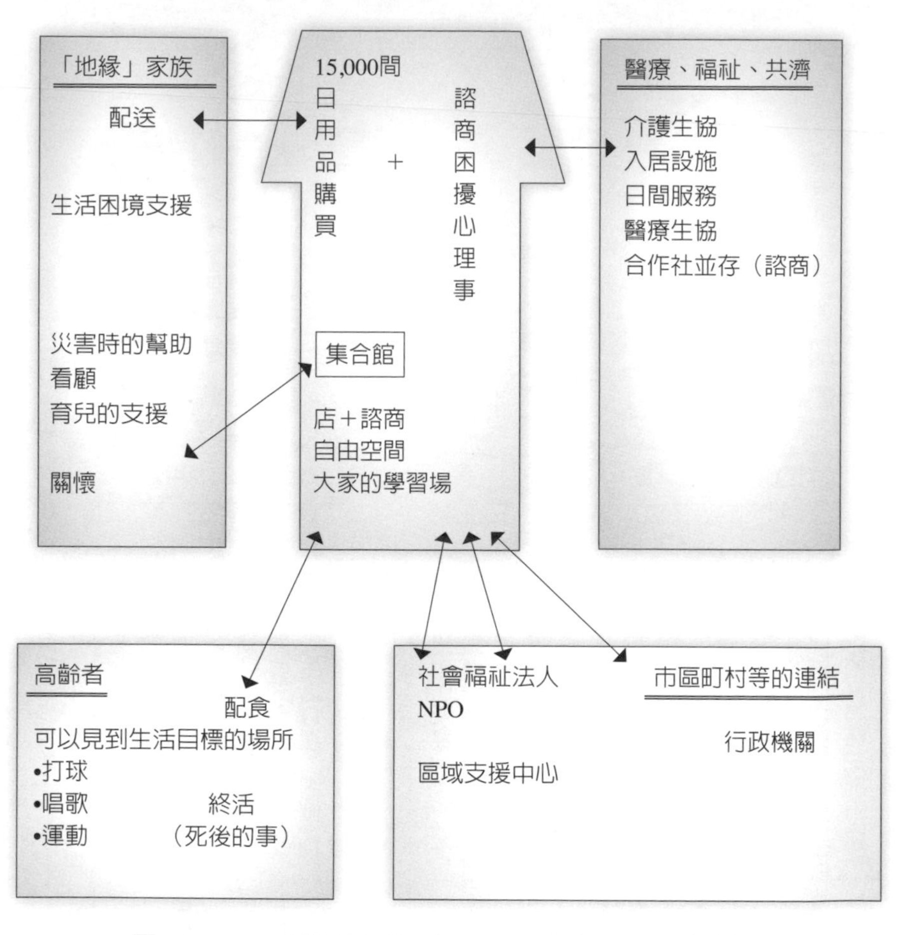

圖2-16　2050超高齡社會コミュニテイ（kominitei）構想

資料來源：若林靖永、樋口惠子編（2015）。

伍、日本和美國照顧服務

長期照顧是提供給需要協助的個人（因身體或心智失能）多元性的、持續性的健康及社會服務，服務可能是在機構裡、護理之家或社區。日本及美國在長期照顧服務領域的發展，以下為衛生福利部長照政策之長照十年計畫2.0，對日本社區整體照顧模式和美國老人全包式照護計畫（PACE），所做的評估發表，如**表2-21**所示（衛生福利部，2017）。

表2-21　日本和美國照顧服務比較

模式	日本—社區整體照顧模式	美國—老人全包式照護計畫（PACE）
組織及運作	1.以社區整合型服務中心為服務主軸，在失能老人住家車程30分鐘範圍內（約為一個中學學區），建構結合醫療、介護、住宅、預防、生活支援等各項服務一體化之照顧體系。 2.社區整合型服務中心由指定專業人員組成團體共同營運，再分別整合介護預防、介護支援	1.由聯邦醫療保險與醫療救助中心、州衛生部，以及PACE承辦單位三方共同執行。 2.PACE承辦單位設立日間照顧中心，自行或由合約醫療機構，提供各式居家與機構式長期照顧服務。 3.PACE計畫管理員。
服務對象	1.主要服務對象為介護保險之給付對象： (1)失能等級為「要介護」1～5級者。 (2)失能等級為「要支援」1～2級者。 2.非介護保險給付對象：不符合失能等級判定之老人。	1.55歲以上。 2.PACE服務區域內的住民。 3.失能程度符合入住護理之家標準。 4.加入PACE計畫時，能安全於社區中生活者。
工作團隊	1.社區整合型服務中心含三類專業人員：保健師（公衛護士）、主任介護支援專門員、社福人員。 2.服務提供業者及提供服務之專業人員。	包含計畫管理員、家庭醫師、護理人員、物理治療師或職能治療師、照顧服務員、營養師、社工師、娛樂服務及交通接送人員等。

（續）表2-21　日本和美國照顧服務比較

模式	日本—社區整體照顧模式	美國—老人全包式照護計畫（PACE）
服務項目	1.介護預防服務（失能等級為要支援1～2級者）： (1)居家式服務：居家型、居住型、其他。 (2)社區密合型服務（2006年創設）。 2.社區支援業務（不符合失能等級判定者）：主要包含「預防照顧」及「日常生活協助」兩種服務項目，如： (1)提升運動器官機能。 (2)營養改善。 (3)口腔機能向上。 (4)認知症預防、支援。 (5)訪問型照護預防事業。	1.門診及急診。 2.醫療病房。 3.復健服務。 4.娛樂活動。 5.成人日間照顧中心。 6.沐浴及個人照顧。 7.交通接送服務。 8.營養服務及供餐。 9.檢驗及檢查服務。

福祉國家形成的三種世界爲歐洲E-type、日本J-type和韓國K-type，**表2-22**說明福祉國家形成的三種世界。日本型福祉國家隨著經濟成長和社會變動，在2000年開始實施介護保險，卻在2015年著手進行2050年百歲老人如何生活，減少介護服務及保險支出。**表2-23**爲年金的兩種型態，德國等國屬於社會保險模式，被僱用者退休後的退職金的延長模式，依照報酬比例給付。

表2-22　福祉國家形成的三種世界

	歐洲E-type	日本J-type	韓國K-type
時期	1946-	1973-	1998-
國內要因	經濟成長、社會變動	經濟成長、社會變動	經濟成長、社會變動
國際環境	嵌入式、資本主義	福祉國家的危機	全球、資本主義
理念（ideology）	福祉國家	日本型福祉國家	生產的福祉
特徵	黃金時代 福祉國家形成	福祉國家危機及福祉國家形成的同時進行	福祉跟福利同時出現

資料來源：武川正吾（2007：190）。

表2-23　年金的兩種型態

模式（Model）	普遍主義模式	社會保險模式
對象	居住者	被僱用者
給付設計	定額給付	報酬比例給付
財源	稅	保險金
基本的機能	英國等國家	德國等國家
	所得再分配	儲蓄、保險
	老人的生活保障	退職金的延長

資料來源：廣井良典（1999）。

參考文獻

ASTRA醫療福祉研究グループ（2004）。《介護福祉士になろう》。日本東京都：オーエス。

トータルセカンドライフ研究會（2012）。《40歳から考えるセカンドラーフマニュアル》。日本東京都：勞働新聞社。

ユーキャン介護福祉士試験研究会（2016）。《2017年版 U CANの介護福祉士まとめてすっきり!よくでるテーマ100》。東京都：自由國民社。

大田仁史、三好春樹（2014）。《新しい介護》。日本東京都：講談社。

下垣光（2013）。《在宅で暮らす認知症のある人のためのケアプラン作成がイド》。日本東京都：中央法規出版。

仙台醫療福祉專門學校教科書出版委員會（2004）。《介護福祉士を目指す方のマナーブック》。日本東京都：中央法規出版。

生島ヒロシ（2013）。《ご機嫌な老活ーやぅばリ生涯ずっと面白く働いていたい》。日本東京都：日経BPマーケティング。

田中元（2014）。《家で介護が必要になったとき～知識ゼロからの介護の悩み解決本》。日本東京都：ばる出版。

竹內孝仁（2013）。《介護的生理學》。日本東京都：秀和システム。

松田美智子、藤川孝滿、藤本文明、垰田和史（2015）。《介護福祉學への招待－地域包括ケア時代的基礎知識》。日本東京都：クい二イツカもがわ。

武川正吾（2007）。〈福祉國家形成的三種世界〉。引自2016年日本放送大學，「東亞的社會福祉」課程簡報。

法學書院（2010）。《社會福祉士、介護福祉士の仕事》。日本東京都：法學書院。

社團法人日本介護福祉士會（2009）。《介護福祉士まるごとがイド》。日本東京都：ミネルヴァ書房。

社團法人京都府介護支援專門員會（2012）。《主任介護支援專門員ハンド

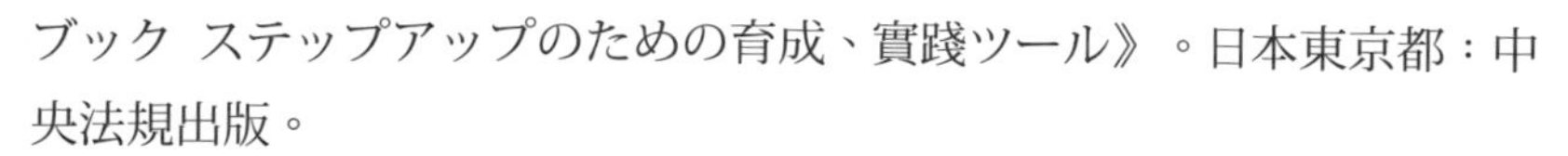

ブック ステップアップのための育成、實踐ツール》。日本東京都：中央法規出版。

若林靖永、樋口惠子編（2015）。《2050年起高齡社會コミュニテイ構想》。日本東京都：岩波書店。

能本守康（2012）。《Q&A訪問介護サービスのグレーゾーン～適正な介護サービス費の算定に関するがイドライン》。日本東京都：ぎょうせい。

高室成幸（2015）。《福祉職場の採用面接－複數面接&實際觀察》。日本東京都：筒井書房。

高橋元、光多長溫（2012）。《超高齡社會》。日本東京都：中央經濟社。

莫策安譯（2009）。Renée Evenson著。《服務聖經101：你一定要學的顧客服務技巧》。台北市：高寶國際。

陳美蘭、洪櫻純（2012）。《長期照顧機構照護服務品質影響因素之探討——以8位工作人員觀點為例》。2012台灣新高齡社區健康發展學術研討會論文。

陳美蘭、洪櫻純（2015）。《老人身心靈健康體驗活動設計》。新北市：揚智文化。

陳美蘭、洪櫻純、黃琢嵩、呂文正（2017）。《老人居家健康照顧理論與實務》。新北市：揚智文化。

鈴木隆雄（2012）。《超高齡社會の基礎知識》。日本東京都：講談社。

葛田一雄（2011）。《介護管理者リーダーのための人づくり組織づくりマニュアル》。日本東京都：ぱる。

廣井良典（1999）。〈年金的兩種型態〉。引自2016年日本放送大學，「社會保障和費用負擔制度」課程簡報。

濱口桂一郎（2013）。《福祉と勞働、雇用》。日本東京都：ミネルヴア書房。

聯合報（2017）。〈中高齡就業女性10年大增5成〉。民國106年6月19日生活A6版。

衛生福利部（2017）。〈長照政策專區——長照十年計畫2.0〉，http://www.

mohw.gov.tw/MOHW_Upload/doc/105%E5%B9%B48%E6%9C%883%E6%97%A5%E6%BA%9D%E9%80%9A%E8%AA%AA%E6%98%8E%E6%9C%83%E7%B0%A1%E5%A0%B1_0055618003.pdf

Kadushin, A. & Harkness, D. (2002). *Supervision in Social Work* (4th ed.). New York : Columbia University Press

Kuropatwa, D. (2008). The Learning Pyramid. Photo credits: The University by Maddie Digital. http://adifference.blogspot.tw/2008_01_01_archive.html.

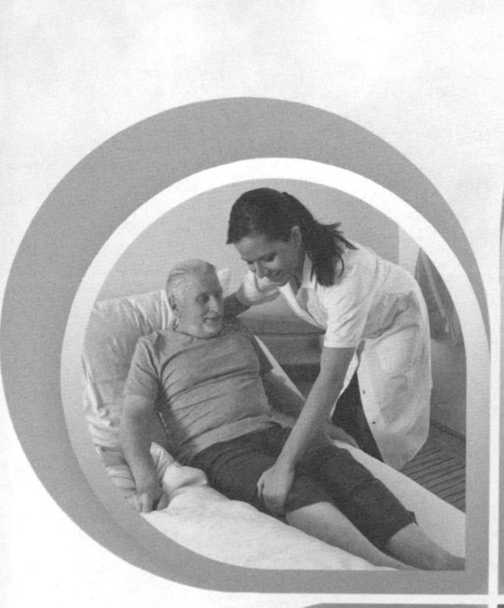

Chapter 3

督導工作實務

陳美蘭、許詩妤

學習重點

1.督導實務工作範例

2.日本照顧計畫書規劃與執行範例

督導實務工作範圍十分廣泛，新人的面試、實習及排班，服務員的考評及篩選，業務進行及目標達成的進度執行，行政業務及教育訓練之執行，都是督導工作內容。Taibbi在2013年提出督導歷程，一個新加入者進入機構會有不同個別改變和成長，督導應在不同階段給予差異化的目標和支持，以面對挑戰。從知道或不知道角度來區分督導四階段，從階段一的知道你所不知道的，階段二的不知道你已經知道的，階段三的不知道你還不知道的，到階段四的知道你所知道的，面對狀況、督導角色、目標、職責、挑戰和危險（彭懷眞，2016）。

台灣及鄰近國家日本，都面臨照顧服務專業人才人力不足的問題。日本介護上最大的課題是認知症患者增加，介護職人手不足，待遇改善聲音不絕的問題，使得日本介護從事者於2008年NPO「高齡社會更好女性會議」發聲，使業界的勞資雙方對「介護從事者處遇改善法」，成立使用介護保險基金，15,000日元的薪資提升（若林靖永、樋口惠子，2015），有一定資格者及有經驗者受到全職保障收入的工作福利。

台北市於105年起試辦有一定資格者及有經驗者，全職保障其收入薪資，讓勞動法規、勞動條件、勞工權益，一起在新制度下啓動。特別是對居家服務督導員（簡稱居督員），除了有薪資的補助之外，還有專案的補助，用以提升居督員的留任。以台北市爲例，督導一人接案量不超過60件，一個月電訪一次，三個月家訪一次。但因業務量不僅限於接案、排班等工作，還要接受評鑑、督導、外展、旅遊、教育訓練等工作，故在台灣的督導工作量，可以從以下表單的說明中看出。以下就督導實務工作範例及日本照顧計畫書規劃與執行範例，來說明督導工作實務。

第一節　督導實務工作範例

以下就督導工作內容與服務員輔導案例來說明督導工作，並分析督導實務工作上之作業流程。從督導工作於客戶、服務、管理、人力及專業知識技能方面的執行工作及表單，可以更清楚督導實務工作內容及專業能力的部分。

壹、督導工作內容

督導工作內容包括客戶端的服務工作、面試徵才的工作、服務員端的服務工作、行政工作執行，以下逐項來說明。

一、客戶端的服務工作

照管中心提供諮詢、評估、個案管理及轉介等單一窗口服務。照管專員在依照評估流程，將個案轉介給派案單位承接，開始督導和服務員之服務工作。在政府委託案裡，居服督導員接到照管中心的聯絡之後，需撰寫基本資料或下載照管專員所填寫的資料，在一週內開案。如果一週內因人力不足等問題無法開案時，需通知照管中心說明原由。若由服務員班表中，找出空班且可以接班人選時，儘速聯絡客戶簽約時間，並於簽約當天帶服務員到府開案服務。

1.帶服務員去案主家面試，請服務員坐在案主旁邊，與案主互動。
2.介紹服務員給案主及家屬，同時做客戶需求評估再確認，包括案主姓名、年齡、地址、語言、宗教信仰、飲食狀況、就醫狀況、工作內容、工作時間、特殊需求和服藥時間等。

3.服務內容確認後，一式三份，由督導、服務員及客戶各留存一份。

4.給客戶合約書一式兩份，請客戶看過後簽名帶回或給客戶審閱日再收回。給予客戶聯絡電話並約好每次上班時間。

5.從客戶家中出來，與服務員一起再次確認案主家到捷運或公車站時，最短或最適距離。

自費型服務和政府補助型服務（**附件3-1**），在表單上差異在後者有評鑑與社會局考核用的資料。以下就自費型服務所需表單，及政府補助型服務所需表單，來說明服務對象及服務內容的差異。

(一)自費型服務所需表單

自費型服務的服務對象及服務內容，彈性較大，不受補助限制，因此無年齡、地區、ADL（**附件3-2**）和IADL（**附件3-3**）的評估量表限制，但服務內容並無太大差異。

1.服務對象：一般自費客戶或政府委託案單位部分自費的客戶。

2.服務簽約內容（以簽約爲例）：

(1)簽訂居家服務契約及居家服務使用須知一式二份。

(2)個人資料收集、處理及利用告知暨同意書一式二份。

(3)服務項目表一式二份。

(4)服務需求評估表。

(二)政府補助型服務所需表單

政府補助型服務所需表單較爲正式且繁複，但在簽約時有以下七項需準備的表單。

1.服務對象：政府委託案單位部分自費的客戶和一般自費客戶。

2.服務簽約內容（以簽約爲例）：

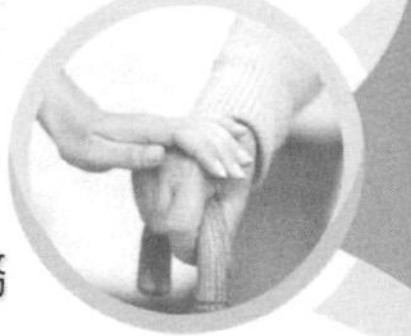

(1)簽訂居家服務契約一式二份。
(2)居家服務使用須知一式二份。
(3)甲乙雙方收費標準與繳付方式異動表一式二份。
(4)個人資料收集、處理及利用告知暨同意書一式二份。
(5)居家服務開案表一式二份：說明服務契約書、說明服務須知、簽訂居家照顧服務工作項目勾選單、同意服務契約書。
(6)居家照顧服務工作項目勾選單一式三份：居督員、服務員、案主各一份。
(7)居家服務個案照會單：與社會局聯繫的案主表單。

二、面試徵才的工作

就業媒合活動可在執行前建立一套作業流程，於執行中確認現況問題點及改善計畫，建立一套人力招募之SOP標準作業流程。以期能在面試時，達到就業徵才之最適目標值。新的規劃與就業服務站配合就業徵才，應變成常規性業務。就業徵才標準作業流程確認清單如下：

1.前一個月確認就業徵才單位、職缺、時間長短、地點、面試人數、備餐、就業徵才單位和職缺。
2.前一週收到報名表後，填寫並傳回就服站。報名表填寫注意事項，註明聯絡人及電話、就業媒合單位聯絡人姓名及電話。
3.前兩天與就業服務站再次確認日期、時間、到場人數，並準備履歷表。
4.徵才當天辦理報到、提供職缺、填履歷表、提供初步錄取名單。
5.結束後追蹤約一星期內做第二次面談，若有通過面試，請求職者準備任用所需資料。

面試中注意求職者態度、表達能力，詢問是否能馬上就業，以及

過去照顧經驗的陳述，面試者是否對照顧服務有正確觀念，最後註明求職者態度及特質。

表3-1爲就業服務單位小型徵才活動參加廠商報名表職務說明書，依照各單位的報名格式，填入約略相關的職缺及廠商相關資料，包括廠商全名、聯絡電話、工作地點、職務名稱、徵才條件、職務內容、聯絡人姓名及職稱。

表3-1　小型徵才活動參加廠商報名表職務說明書

<table>
<tr><td>廠商全名</td><td colspan="3"></td></tr>
<tr><td rowspan="2">聯絡電話</td><td rowspan="2"></td><td>聯絡人姓名</td><td></td></tr>
<tr><td>職稱</td><td>督導</td></tr>
<tr><td>工作地點</td><td colspan="3">台北市、新北市</td></tr>
<tr><td>職務名稱</td><td colspan="3">居家陪伴員</td></tr>
<tr><td rowspan="2">徵才條件</td><td colspan="3">學歷：</td></tr>
<tr><td colspan="3">證照：</td></tr>
<tr><td rowspan="5">職務內容</td><td colspan="3">工作時間：週一到週五9:00～18:00</td></tr>
<tr><td colspan="3">工作項目：照顧服務、家事服務、備餐服務</td></tr>
<tr><td colspan="3">工作專業知識及技能需求：</td></tr>
<tr><td colspan="3">工作複雜性及困難度：因個人能力安排</td></tr>
<tr><td colspan="3">薪資待遇：</td></tr>
<tr><td>備註</td><td colspan="3">有升遷制度，每月在職訓練
歡迎二度就業婦女，相關科系學生面試</td></tr>
</table>

三、服務員端的服務工作

以下可以從客戶服務方面、服務管理方面、居家服務工作專業知識方面、居家服務專業技能方面，來看服務員端的服務工作。

(一)客戶服務方面

對督導和組織而言，服務滿意度所呈現的數字，就是每月服務品質提升與否的依據。對客戶而言，當服務員提供的服務，達到其滿意的程度，則客戶會以口碑行銷，來爲提供滿意服務的單位增加廣宣的深度及廣度，增加客戶來源。當客戶量提升時，服務員需求量自然增加，而單位服務量增加，供需又平衡的同時，既容易達成單位目標，又可以增加就業媒合人數。

(二)服務管理方面

1.新進人員對督導的第一印象很重要，第一天見習時，是督導與服務員建立情感與互信基礎的最佳時機。開始服務工作之後，督導於工作周間，貼心且不定期詢問新進人員服務狀況及適應度，讓服務員更快熟悉新工作領域。服務員接手工作的前三個月爲考核期，能力的建立及對新工作單位的認識，是督導對服務員最重要的帶領工作。

2.在帶領新進人員工作時，督導的帶人心態，決定日後服務員的向心力及留任率。對督導而言，留意影響服務員留任率的因素，包括工作時數、上下班時間、地點遠近、薪資福利等，都是服務管理上應注意之處。

3.在單位裡常常有人員流失及客戶流失的情形發生，督導除了要具備領導能力之外，跟服務員的溝通互動也十分重要。

4.提供服務員專業諮詢以解決工作上產生的問題，也同時可以降低客戶端的客訴率及人員流失率。

(三)居家服務工作專業知識方面

督導工作與居家照顧服務息息相關，督導須具備居家服務工作專業知識，一方面可以更清楚瞭解服務員在居家工作所面臨的問題，在教學指導方面，也需要居家服務工作專業知識。居家照顧服務實務工作的主題，包括疾病徵兆認識與處理、基本生命徵象、基本生理需求、清潔與舒適、營養與膳食、活動與運動、家務處理、急救概念與

急症處理和健康照顧。因此，督導可以就以上各項居家服務工作專業知識，作爲增進個人專業知識研修的方向。

居家服務工作不外乎照顧服務、家事清潔及準備餐食等，但都不偏離其服務原則，包括安全、節能、營養，即預防跌倒、省水省電和均衡膳食。

1.在照顧方面，由於工作場域是在居家，且服務對象是老人或身障者，最重要的工作之一，是須注意案主安全及預防跌倒。居家照顧時應注意清潔衛生，避免感染。
2.家事清潔方面，要注重個人衛生、環境衛生及省水省電原則。
3.準備餐食方面，要注意飲食營養及分量、工作環境安全及食品衛生與安全。

(四)居家服務專業技能方面

督導或居服督導員需要具備照顧服務專業技能，在實務工作中亦可以做服務員的服務工作指導員。居家服務工作分成自費型服務和政府委託民間辦理補助型，其工作內容類似，但政府委託民間提供補助型的居家服務，服務規範更嚴謹。

◆自費型居家照顧服務

內容可以區分成四大項，依照家事服務、備餐服務、照顧服務、其他服務，來細分工作內容及服務專業分級。

1.家事服務：居家清潔、衣物清洗等。
2.備餐服務：準備餐食、營養飲食設計等。
3.照顧服務：居家陪伴、被動運動、清潔沐浴、協助餵食等。
4.其他服務：陪同回診、陪同就醫、陪同洗腎、認知訓練、專案服務等。

◆政府委託民間提供補助型居家照顧服務

其長期照顧服務對象，也包含各機構提供之自費服務，其申請服務內容，也有特定的規範。

1.提供個案個人服務，不包含其他家人之服務。
2.家務及日常生活照顧服務：換洗衣物之洗濯與修補、案主生活起居空間之居家環境清潔、家務及文書服務、餐食服務、陪同或代購生活必需用品、陪同就醫或聯絡醫療機關（構）、其他相關之居家服務。
3.身體照顧服務：協助沐浴、穿換衣服、進食、服藥、口腔清潔、如廁、翻身、拍背、肢體關節活動、上下床、陪同散步、運動、協助使用日常生活輔助器具及其他服務。

接受居家照顧服務的老年人，有時因服務需求，會由居家服務員陪同至老人日間中心，未來不論是家庭托顧或居家式的小規模多機能服務，督導也都需要照顧服務相關專業知識及技能的能力增長。長期照顧服務對象申請日間照顧服務內容，也有特定的規範。將需要長期照護的家人暫時送至政府評鑑優良合格的機構中，接受全天日常生活照顧，同時讓照顧的家屬得到喘息者之服務內容如下：

1.個案照顧管理（含午餐、點心、午憩等服務）。
2.生活照顧服務。
3.協助及促進老人自我照顧能力。
4.辦理老人教育休閒活動。
5.提供福利、醫療諮詢及轉介服務。
6.舉辦老人家屬教育方案支持團體及聯誼性活動。

四、行政工作執行

從各式表單可以看出督導行政工作的複雜程度，如何簡化表單，讓督導用更多時間在與服務員相處，與客戶建立互動關係上，應是未來社會服務工作應檢視的重點。

(一)自費型居家服務單位

自費型居家服務單位之督導每月至少須完成以下十二項表單，包括檢討報告、輔導紀錄、需求評估統計表、面試統計表、滿意度統計表、月報表、家訪紀錄統計表、結案分析統計表、就業媒合紀錄、人員流失率統計、客戶資料表、在職教育訓練。在每月月初完成後，送交主管簽核後存檔。**表3-2**之督導用表單確認單，用在協助督導確認工作完成及主管協助做確認及督考用。

表3-2　督導用表單確認單

No	報表名稱	完成工作人員	日期
1	檢討報告		
2	輔導紀錄		
3	需求評估統計表		
4	面試統計表		
5	滿意度統計表		
6	月報表		
7	家訪紀錄統計表		
8	結案分析統計表		
9	就業媒合紀錄		
10	人員流失率統計		
11	客戶資料表		
12	在職教育訓練		

資料提供：伊甸基金會迦勒居家照顧服務中心。

台灣的居家照顧自費服務方案，銜接2018年特約制的實施，將表單簡化，可參考第四章第一節督導工作表單製作，包括長期照顧服務申請書、照顧工作表、照顧工作記錄表、照顧服務代碼，服務項目爲身體照顧服務、照顧服務代碼，服務項目爲日常生活照顧及家事服務、照顧服務代碼及服務項目爲居家陪伴服務、照顧問題清單、長照需要等級與居家服務給付額度。

伊甸迦勒居家照顧服務中心爲創新自費單位，其表單製作每半年更新一次，表單如**表3-3**所示。表單都是依照工作所需而設計，但內容較簡化，以節省行政文書時間。**附件3-4**的委託執行業務達成率一共有四個表單，是整個單位目標達成的評估基準表。

表3-3 表單

No	表單名稱
1	履歷表
2	面試技術評估考核單
3	面試記錄表
4	服務契約書
5	服務使用者需求評估表
6	客戶資料動態月報表
7	客戶管理單
8	居服員輔導紀錄
9	客訴處理記錄單
10	自評表
11	考核表
12	簽到表
13	工作記錄表
14	滿意度調查表
15	月檢討報告及改善計畫
16	班表
17	在職訓練簽到表
18	訓練流程
19	人力招募執行紀錄

（續）表3-3　表單

No	表單名稱
20	客源開發執行紀錄
21	客戶結案分析調查表
22	員工優質服務評核表
23	家訪記錄表
24	服務員成本明細
25	請款單
26	廣宣活動紀錄
27	服務完成確認單
28	業務執行進度
29	需求評估統計表
30	面試者紀錄
31	新進員工工作守則
32	服務員資料

實務經驗分享

督導需要處理許多行政表單之設計及建置，因此，在WORD軟體操作技術上，學生在成為督導之前，應多練習加強，並閱讀軟體操作技術相關書籍或參加WORD軟體操作課程研習。例如，全選文字，可以用鍵盤的Ctrl＋A；複製文字，可以用鍵盤的Ctrl＋C；貼上文字，可以用鍵盤的Ctrl＋V，來節省操作上所花費的時間。新研發製作的表單，表頭標題字需放大加粗體字且置中，填表人及主管簽名處放置在最下方，插入之表格盡量置中，日期可放在表格右上角處。

(二)政府補助案單位表單

政府補助案單位裡，督導使用表單用途，包括簽約時使用、個案基本資料記錄、評估與處遇撰寫、開案所需資料、服務記錄、收費及計薪時使用，如**表3-4**所示，至少有二十七項必須使用。

表3-4　督導用表單

No	表單名稱	完成用途
1	簽訂居家服務契約	簽約
2	居家服務使用須知	
3	甲乙雙方收費標準與繳付方式異動表	
4	個人資料收集、處理及利用告知暨同意書	
5	說明服務契約書	
6	說明服務須知	
7	簽訂居家照顧服務工作項目勾選單	
8	同意服務契約書	
9	居家照顧服務工作項目勾選單	
10	居家服務個案照會單	
11	個案基本資料	個案基本資料
12	個案疾病生理狀況表	
13	支持系統評估表	
14	問題評量與處遇方向	評估與處遇
15	照顧計畫書	
16	公文	開案事項
17	居家服務個案照會單	
18	開案表	
19	服務契約與異動表	
20	工作項目勾選單	
21	評估表	
22	巴氏評估量表（ADL）	服務記錄
23	工具性日常生活功能量表（IADL）	
24	初訪記錄	
25	服務狀況記錄表	
26	例行訪視記錄表	
27	薪資計算表	收費及計薪

以上表單除了居家服務督導員需要熟悉撰寫方式之外，督導及組長還有主管，也需要瞭解表單及操作流程，一方面在月例會中可以更清楚第一線工作人員實務工作，另一方面，評鑑時也需要瞭解居家服務督導員表單撰寫的正確性及確實掌握專案工作完成程度。

貳、服務員輔導工作

服務員輔導工作十分重要，從風險管理層面來看，每一個輔導及溝通的過程，都可以降低風險發生。以下從服務員工作輔導來看督導的實務工作上，實際居服員輔導工作。

一、服務員工作輔導

服務員輔導工作，協助督導在工作上，判斷服務員專業服務提供的正確性，並作爲升遷考核依據。**表3-5**之督導輔導工作案例，分享服務員在工作上產生問題時，督導如何即時處理，並將客訴率降低的實務案例分享。

表3-5　督導輔導工作案例

No.	工作狀況	檢視缺失	改善事項
1	督導與服務員有溝通上的問題	服務員不認同督導說話方式，而督導認為服務員在客戶家服務不好，督導認為兩人無法溝通，而服務員也想離職	主管提示督導，要用同理心瞭解服務員面對的問題，若是服務不好，要立刻詢問客戶的意見，若是服務員遇到任何問題，要從旁瞭解事情原委，不可以意氣用事
2	排班的問題	會認為有排人就好，而沒有想到客戶的需求	會告知督導，要先詢問服務員，及瞭解其專業能力，再詢問客戶，最後做開案判斷，才能完成雙方滿意的排班方式

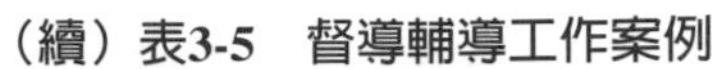

（續）表3-5 督導輔導工作案例

No.	工作狀況	檢視缺失	改善事項
3	督導請服務員跟客戶說要調上班時間	因客戶十分生氣，而無法調整	督導不應請服務員去溝通，而造成客戶的不諒解，跟客戶溝通的事情，應分清楚，何者要督導本身去協調，何者可以先由服務員溝通
4	服務員跟鄰居聊天，鄰居轉述內容給客戶，轉達上產生誤解，服務員認為被誤會	客戶打來問是怎麼回事，也覺得聊天說太多是不對的	經主管瞭解，服務員有找到過年後的工作，所以才會不經意的告知鄰居，但鄰居還是告知客戶，服務員的職前訓練應告知回答話的技巧
5	服務員臨時說不做	需要工作守則規範其行為，而離職沒有交接是不負責任的行為	老人家在面對換人，都需要時間適應新的服務員，離職應按照工作守則規定時間辦理，也應給就業單位找人交接，成為負責任的求職者及就業者
6	交接時服務員間產生溝通問題，一氣之下，想離開工作崗位	服務員因太情緒化，而忽略自己要完成交接才能離開服務單位。 另一服務員忘了自己也是在做服務人的工作，而不是指揮人按照自己的服務模式工作	督導的工作是服務，不是教導。有些服務員，甚至督導，會因為職務改變，而用威權式的管理方式教導服務員。溝通上應多加注意
7	覺得沒有預借薪資是不合理	一般非營利組織是沒有辦法預借薪資，服務員對這點很生氣，經理解她家中有事需要現金	經督導跟服務員說明，態度就有轉變，也提醒她跟主管的應對是考核的評分項目，服務員就有調整自己跟主管說話的方式跟態度
8	兩服務員有口角	服務員曾帶另一服務員到家裡樓下聊天，吵架後，其中一人到另一人家樓下吵鬧	告知以後不帶不熟的人到家裡，避免日後再有類似情形產生
9	服務員被失智症長輩打到頭，不敢接案子，因怕被打到	經老師跟客戶溝通，是因為服務員在案主睡覺時，去叫他起來洗澡，案主因不想起來，就揮動手，打到服務員，並非故意	請她克服心理障礙，若無法克服，就沒有辦法在專業上成長，而案主也非故意

（續）表3-5　督導輔導工作案例

No.	工作狀況	檢視缺失	改善事項
10	服務員說客戶讓她休假太多天，會影響收入	因服務契約中只有告知客戶，24小時前可以提出停止當日服務	修改服務契約，並讓客戶瞭解，臨時停止服務會影響服務員收入，造成照顧者收入減少，人才易流失
11	客戶要換服務員，換人後又堅持要把服務員請回來	客戶覺得服務員家事做得不乾淨，經過一段時間觀察，決定換人服務	案主還是要服務員回來服務，他要有人陪他下棋，陪他聊天，而不是注重打掃，溝通後家人同意以案主意願為主
12	客戶要服務員一直擦洗門窗	服務員自己答應客戶要洗門窗，後來才發現做的工作範圍太多，才抱怨給督導知道此事	因服務員告知督導時，已經快結案，所以就還是維持工作內容，當作是幫忙案主解決問題，避免不必要的困擾，同時也告訴服務員，以後凡事要報備
13	服務員手痛想離職	服務員一直說手麻，但是給中醫推拿後，還是覺得需要休息	先讓他手休息一陣子，待恢復後，再慢慢給技術性不高的工作，或是以兼職形式工作，愛才惜才，讓服務員在生病的時候，生活及心情上仍受到關注
14	服務員發現客戶家漏水，但客戶不在家	服務進行時，發現有狀況，特別是颱風過後，服務員需立刻回報	第一時間先拍照給督導看，確認發生狀況的緣由，督導再轉給客戶看，客戶馬上聯絡家人去處理
15	客戶要求整理不合理的範圍	客戶家是大家庭，有10人，要求服務員要洗曬全家的衣服	評估的時候，客戶並沒有說，也不敢要求不合理的工作範圍，但服務員一進到家中服務，馬上將工作分給服務員做，的確不合理，督導立刻溝通
16	備餐專業被質疑	被客戶客訴燙青菜很不專業	有跟客戶反應，想怎麼煮，可以告訴我們，我們再跟服務員溝通。後來請督導教煮飯，然後請她把菜拍起來存放在群組，現在客戶都滿意，也不再有客訴，而且越來越好
17	對上司說話態度不佳	對主管講話不是很客氣	會馬上說「我不做了」，或情緒很激動，經督導跟他溝通，他願意改變自己，或轉去機構工作，慢慢調整自己
18	專業能力待加強	服務員態度溫和得客戶喜愛，惟專業技能如移位等，仍需要練習	對服務的付出，給人發自內心的誠懇與盡其所能的工作態度，但仍需時時加強專業技能提升

（續）表3-5　督導輔導工作案例

No.	工作狀況	檢視缺失	改善事項
19	工作地點不要太遠	暫時接此案再慢慢換	有跟他溝通暫時先接案等有比較近的工作再調整
20	脖子有手術，但沒有誠實告知	他的醫生說他可以工作，依照身體狀況開始排班，但有狀況	希望服務員誠實告知自身健康狀況
21	工作穩定，但對福利不瞭解	希望更瞭解福利制度，不知道員工不瞭解	找其中一次教育訓練，跟大家說明，之後再找服務員本人一對一說明
22	客戶反應都一直坐著沒在工作	客戶說垃圾都沒倒，希望換人服務，但服務員有執行工作	雖然客戶有抱怨，但是跟客戶溝通，在還沒有找到適當人選服務之前，先不更動排班
23	遲到沒打卡	服務員遲到未打卡	有跟客戶說因為距離較遠要坐車，所以會遲到，但時間會補給客戶
24	督導擔心新進人員無法勝任工作	不可因外表有身體障礙，就評斷一個人的工作能力	帶領他工作的人，會將他帶得很好，他工作上都順利不因為先天身體障礙無法工作，反而在工作上克服困難，得到案主讚賞
25	面試的時候，沒有告知吃素	煮食產生困擾	因此任用的時候，要誠實告知是否吃素，因為備餐有分葷素食
26	沒有把關合約書收回及記錄	合約書未收回的烏龍事件	製作表單登記，方便查詢收回狀況
27	居督不主動且凡事不詢問確認	不會自己主動找事情做，也不喜歡諮詢主管的意見來修改自己的服務過程	凡事再三確認，可以避免風險產生，居督任用時，應告知注意事項
28	未經主管同意，離職私下接班	服務員離職後，慫恿客戶私下僱用他，造成原服務結案，離職服務員私下跟案主說客戶已經同意由他照顧，再跟客戶說，案主說要請他，於是結案	服務員不應私下經營客戶，已告知客戶不要私下僱用
29	法院扣薪所以不做了	因為有欠卡債的問題，所以薪資會被扣1/3，導致一個月只有一萬多元的收入	告訴服務員要接受還卡債的事實，勇於面對，慢慢還清
30	只希望做陪伴的工作	服務員希望能做簡單的工作，不要照顧生病的案主	案主的狀況不一，有時候你接案時是陪伴，但因身體狀況改變，也會有變成重症管灌病人的機率

（續）表3-5　督導輔導工作案例

No.	工作狀況	檢視缺失	改善事項
31	嫌薪水太低	希望薪水高一點，至少4萬，因為以前打工的工作都有4萬	工作心態要歸零，專業工作不是學以致用，而是因用而學
32	服務員吃素不煮葷食	因為服務員吃素，所以阿嬤配合她吃素	家人因為阿嬤喜歡服務員，所以知道阿嬤的心情，但為了給阿嬤補充營養，家人為阿嬤健康，只好帶去外面吃
33	工作時玩手機	被客訴，經老師提示，卻很生氣	服務員解釋是在看時間，而非玩手機，所以建議她戴手錶
34	自己認為已經提供最好的服務	態度不是很好，工作經驗很短，一直說自己經驗豐富	在考核的時候就可以檢視提出
35	交通距離太遠	服務員不喜歡坐大衆交通工具上班，喜歡騎車	但按於安全考量，建議她搭車公車或捷運
36	上班地點太遠	服務員希望工作點就在家附近，這樣很難排班	許多就業者的工作心態不對，造成就業困難與工作單位的困擾，心態應再調整
37	服務員被案主家人懷疑拿走剩菜	案主晚餐吃不完，服務員把菜裝便當帶回家，起因是阿嬤獨居，也不吃隔夜餐，服務員覺得倒掉浪費，就包起來，案主跟女兒說了此事，但案主女兒打電話來說，怎麼可以拿走餐食	經跟服務員溝通瞭解之後，原來是阿嬤下午心情好，吵著要吃下午茶點，結果晚餐只有吃一點點，服務員覺得要倒掉浪費，就包起來，所產生的誤會。已經告知服務員，即使有剩菜，也不能打包，避免誤會再次產生
38	希望做自己想做的行政文書	服務員想做內勤，希望調到內勤做行政工作，但是沒有經過升遷管道，經由優異表現轉調，是不符合升遷制度	經跟服務員溝通，他覺得自己能力很強，要求要升遷，服務員溝通態度實在不好，故不升遷
39	服務員認為自己工作能力很強	工作表現普通，但是自己覺得自己比督導優秀，開始指揮督導聽他的指示，然後拒絕照顧的工作	經與主管溝通，服務員已經沒有守職場倫理及自我規範
40	身體健康出現狀況	服務員開始有身體不舒服的狀況，希望先休息調養身體	考量他的高血壓狀況和身體狀況，還是同意他辦理離職

（續）表3-5　督導輔導工作案例

No.	工作狀況	檢視缺失	改善事項
41	不想加勞保	開始上班後，發現原來投保在工會或其他單位的勞健保產生需抉擇保哪一方的問題	已經告知服務員，有為她加保勞保、健保及勞退，還有員工意外險等福利
42	服務員不來辦理離職手續	職場常會遇到突然離職，或因某些個人因素無法辦理離職手續	由行政人員協助辦理離職，並提供相關證明

面對面接觸練習，是輔導工作中一項有效進行訓練的方法。訓練督導及服務員在面對案主時，步驟一是開口打招呼並問候顧客，訓練顧客進門時你該怎麼做。步驟二是在開始與結束之間幫助顧客，該怎麼協助顧客，有哪些步驟。步驟三是道別，如何結束雙方的互動，顧客離開公司前，你該做些什麼事。若你沒辦法為顧客提出最好的解決方案，你該怎麼說（莫策安譯，2009）。

二、督導培訓中問題之呈現與解決方法

以下就督導培訓服務員所面對的問題之呈現，與解決方法的概述，如何培育督導人才、學習接案技巧及排班方式、結案狀況處理及分析、面試及錄用條件、加強督導溝通協調能力，如下所述。

(一)如何培育督導人才

記錄每天工作：指導老師說了些什麼，就要按照對話，寫清楚。包括「因為……所以……然後……」，像寫文章一樣。督導教我的過程，督導跟客戶說的內容，督導跟我談的內容，我跟服務員說的內容，最後是否圓滿安排就業媒合，人員穩定度，評估溝通過程及結果是否成功。經過這樣一個月的培訓，新進人員會進步很多。

(二)學習接案技巧及排班方式

接案很容易，但是接案加上排班，就需要經驗和技巧，有經驗者跟新人，在工作上最大的差異，在熟悉度及風險評估。以下就學習接案技巧及排班方式，來看接案及排班的工作內容。

1.接案：包括接洽客戶來電、回覆內容、回報進度狀況、確認評估日期時間、評估接案可行性、風險檢視。

2.排班：評估可接案服務員、聯繫及溝通、三方確認、服務契約成立。

(三)結案狀況處理及分析

排班後隨時會有結案的狀況產生，有幾種情形會有結案的情形，例如：

1.已不需被照顧。

2.家人自行照顧。

3.住院或進住機構。

4.找到其他單位之本籍照顧服務員。

5.死亡。

6.客戶違反服務契約內容，經協調處理後仍無法改善者。

7.客戶主動終止服務。

8.服務人員因故未能提供服務，而後續服務員銜接不上。

9.服務未能符合需求。

10.其他原因。

以下為30位案主的結案原因分析，服務對象性別中，男性7位，女性23位，結案原因中，已不需照顧6位，家人照顧5位，申請外籍看護工12位，住院3位，出國2位，服務員不願意再提供服務1位，服務未能符合需求1位。有40%的服務對象申請外籍照顧服務員，對台籍服務員來說，工作機會落在外籍照顧服務員申請來台前、轉換雇主空窗期、逃跑等待期間和回國休假空窗期等，服務時間由一週到半年不等，就會遇到申請結案的狀況而面臨案數減少的狀況。

如何確認外籍看護工回國休假空窗期的案子結案，可以請督導或服務員詢問客戶，新的外勞進來的日期，請客戶在十天前告知，而通常新外籍看護工開始服務時，通常都需要台籍服務員指導教學三天到一個月，讓服務工作順利交接，讓結案後排班工作順利進行，提前作業服務員下一個要銜接的工作，**表3-6**爲結案原因說明統計表。

表3-6 結案原因說明

No.	性別	結案原因	說明
1	女	已不需照顧	開刀後已經恢復
2	男	家人照顧	
3	女	家人照顧	
4	女	服務員不願意再提供服務	因家裡裝監視器
5	女	申請外籍看護工	已到台服務
6	女	申請外籍看護工	已到台服務
7	女	已不需照顧	開刀後已復原
8	男	已不需照顧	原缺乏營養經照顧恢復良好
9	男	家人照顧	兒子回國
10	女	已不需照顧	腳受傷已能自行走路
11	女	申請外籍看護工	已到台服務
12	女	服務未能符合需求	案主覺得人員不合用
13	女	出國	就醫
14	男	出國	去美國陪家人
15	男	申請外籍看護工	已到台服務
16	女	住院	由家人照顧
17	女	已不需照顧	已康復
18	女	住院	申請醫院看護
19	女	申請外籍看護工	外勞返回印尼；已回台服務
20	女	申請外籍看護工	已來台服務
21	女	申請外籍看護工	已來台服務

（續）表3-6　結案原因說明

No.	性別	結案原因	說明
22	女	已不需照顧	中風復健良好
23	女	申請外籍看護工	已來台服務
24	女	住院	
25	男	家人照顧	由奶奶照顧爺爺
26	女	申請外籍看護工	已來台服務
27	女	家人照顧	由親人幫忙照顧
28	女	申請外籍看護工	已來台服務
29	女	申請外籍看護工	已來台服務
30	男	申請外籍看護工	已來台服務

(四)面試及錄用條件

居家照顧服務的工作，看似只有照顧、家事、備餐、生活陪伴四大項，依照案主不同，各種照顧服務內容都因案主而異，因此在選擇面試者及錄用名單和面試官的判斷，具有關鍵的影響。在台灣，通常因為服務員常有人力不足的現象，如果用90小時照顧服務員結業證明來評量工作能力，是錯誤的方向。正確的做法是觀察面試者是否是有愛心，且為應對態度佳者。優質的員工跟優秀的主管，其自我管理能力越強，則在工作上所呈現的服務絕對是滿意度很高，也是提升組織品牌力的助力。

1.面試：填寫履歷表，面試官檢視履歷表，確認直接錄用或二次面試。

2.錄用條件：態度佳、工作經驗、照顧經驗、談吐、對工作的期許。

3.無法直接錄用的問題點：態度、交通、薪資等。

新人的面試、實習及排班，可由督導考評及篩選，由督導助理協助進行，以因應案量及人力需求。

(五)加強督導溝通協調能力

新進督導處理人員錄用流程，仍有許多溝通技巧及實務經驗的部

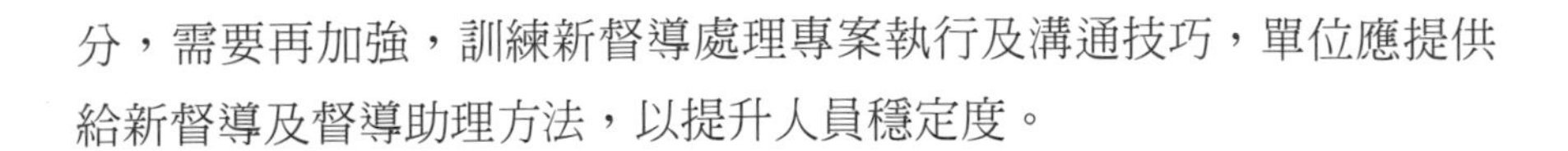

分，需要再加強，訓練新督導處理專案執行及溝通技巧，單位應提供給新督導及督導助理方法，以提升人員穩定度。

三、服務過程中問題之呈現與解決方法

服務過程中會有許多大大小小的問題呈現，現場發生後的解決之道，例如**問題3-1**、**問題3-2**跟**問題3-3**，由服務員提問，督導回覆的過程中，有包括職場倫理、工作回報跟降低風險等因素，但解決的出發點，都是出於愛心，凡事應立刻通知主管、等待回覆後處理，再持續觀察，是服務過程中問題呈現的解決方法。

問題3-1	阿嬤膝蓋有紅腫現象，可以冰敷嗎？
解決方法	
服務員	以前家人也有痛風紅腫，醫師說可以冰敷，所以我才問
督導回覆	每個人的狀況不同，請家屬安排就醫並詢問醫生應如何處理
服務員回覆	好的
後續觀察	沒有特殊情況發生

問題3-2	需要代班
解決方法	
服務員	因有事需要去處理
督導回覆	可以，先請督導幫忙安排調度人，再寫請假單
服務員回覆	好的
後續觀察	等調度好再請假是負責任的行為

問題3-3	東西不見
解決方法	
服務員	被誣賴鍋蓋不見了
督導回覆	督導先聯絡客戶，避免因不良溝通造成誤會
服務員回覆	客戶找到鍋蓋了，他放到其他地方，我服務的時候，都不隨便將物品移位，因為怕他找不到
後續觀察	如果服務上客戶一直擔心物品不見，建議可以結案，避免更多誤會產生

以下案例爲督導針對服務員排班狀況處理說明，這其中還包括溝通協調、專業能力確認、客戶溝通技巧。**表3-7**爲依照服務員不同，所做的輔導紀錄。以下是某督導在做排班訓練過程中發生的問題。

1.服務員想要賺多一點。
2.督導安排了時薪工作給她。
3.服務員跟客戶說，她星期一到六都可以服務。
4.客戶來電說，希望固定服務員一人服務，不要再換其他人去服務。
5.服務員對於另一個班，沒辦法接。
6.督導告訴她，若沒辦法接，只能等班。
7.服務員同意。

表3-7　輔導紀錄分析

服務員	輔導紀錄分析
紀錄分析1 ＊面試態度佳 ＊服務態度佳 ＊客戶評價佳 ＊瞭解薪資福利	帶服務員實習。 請服務員分享服務心得。 帶服務員到客戶家服務。 主要服務：備二餐，簡易家事。 服務員很緊張，怕做不好。 跟服務員說，他們人都很好，備餐跟家事他們都會告訴妳，不要緊張，就像跟家人服務一樣，凡事盡力就好，平常心。每一家的生活習性都不同，慢慢妳就會習慣。沒有人是什麼事都會的，活到老學到老。我現在也是在學習中。 第二天服務員下班，督導問她還順利嗎？ 她說，比較習慣一些，不像昨天手忙腳亂了。 督導說，妳很棒，加油。 在客戶家服務五天後，問服務員，今天還順利嗎？ 服務員說，漸入佳境。 工作上有沒有什麼需要指導的地方？希望妳在那裡服務，可以順利。 如需請問的時候，會主動請教，目前還可，謝謝關心。 目前在客戶家服務中。

（續）表3-7　輔導紀錄分析

服務員	輔導紀錄分析
紀錄分析2 ＊面試態度佳 ＊服務態度佳 ＊客戶評價佳 ＊在職訓練導正後工作輕鬆順利	第一天上班，帶服務員到客戶家服務。 主要服務：備餐，陪同就醫，簡易家事。 帶服務員第一天服務。 說明主要是居家陪伴，陪伴就醫，簡易家事（因週一到週五都會來，所以每天少許少許的做），備餐。 服務員第一天下班，告知服務內容。家事清潔一次做太多。 跟服務員說：浴室一週洗一次，一次一間就好，比較少用的浴室就一個月再洗一次也可以，保持它原來的清潔就好。 客廳每次來都要掃，拖地可以兩天拖一次地板，其他房間也不用每天掃地，跟拖地（視情況，髒了再掃地、拖地）。因為家事清潔永遠做不完，案主的女兒說主要是陪伴，怕父母親兩人在家，不放心。妳幫她陪伴照顧父母親，就很好了。 服務員說：這樣我知道了。我以為一次就要打掃得很乾淨。 目前在案主家服務的很好。客戶也讚賞有加。
紀錄分析3 ＊多次訓練後，客戶評價佳 ＊從不會到會，且工作順利	第一天帶服務員到客戶家服務。 主要服務：備二餐，簡易家事。 由於案主本身很會煮菜，注重美食，不注重養生，而且一次都煮四道菜以上。 對於在家很少煮的服務員來說，是一個挑戰。 跟服務員說平常在家多煮菜、煎魚，這樣妳就會進步，只要妳不放棄，肯學習。 主要服務：備二餐，簡易家事，陪同散步。 對於個性慢慢來的服務員，平常很少做家事跟煮菜的服務員來說，不符合客戶的要求。 跟服務員說，要對自己有信心，煮菜方面可以上網多看些食譜，這樣妳比較有概念，多煮幾次就熟能生巧。 客戶說服務員根本都不會煮菜。經求證，是客戶要求的跟服務員煮的方式不同。 服務員在客戶家服務，奶奶很喜歡她，稱讚她服務得很好。 回家訓練自己煮給家人吃，這樣對妳跟家人的感情互動會更好。 而且能增加妳到客戶家煮菜（備餐），家事清潔的能力。 因為有用心去實做（備餐），自己努力學習（看食譜），服務員在備餐部分，明顯進步很多，客戶也能接受服務，目前在服務，能力正在慢慢提升。也開始順利服務，客戶開始讚賞他。

實務經驗分享

在培育督導人員的過程中，會發現主管說過的處理流程，到新任督導這裡，就會產生執行過程上下不一的情形產生。例如，主管說，收費標準是「一例一休」（**附件3-5**）後，每週不超過40小時工作時數，加班前2小時，每一小時，乘以1.34，加班後2小時，每一小時，乘以1.67。每天工作時數不超過8小時，超過則加班前2小時，每一小時，乘以1.34，加班後2小時，每一小時，乘以1.67。一天最多工作12小時。一個月加班不超過46小時。第六個工作天，都是以加班計，一天最多工作12小時。當督導排班前，及後續的薪資計算，都要有助理及主管確認，以預防因排班、收費或薪資計算錯誤，所造成的負面影響。避免勞動檢查（不符合勞基法之工作時數和給薪）、多收或短收或服務員薪資誤差所造成的問題。

8.過幾天服務員說收入太少。

9.主管告知督導排班要考量A跟B兩人的情形。

10.對服務員，不能因爲她挑班，就排其他班給她，也要看服務員能力。

11.結果，先安排有點難度的班給服務員，再看她的服務狀況及能力。

我們從以下的從各項工作發展出來制式工作報告，來看一個專案的建立與執行、工作內容和工作產出。

1.執行業務：

(1)人力：面試。

(2)收入：目標。

(3)培訓：訓練執行與紀錄。

(4)產學：人才培育。

(5)開發：成交紀錄。

(6)管理：服務滿意度。

(7)輔導：工作問題處理知識。

(8)會議：方向制定。

(9)報告：紀錄存檔。

2.工作產出：

(1)人力資源開發方案。

(2)月營業額。

(3)客戶管理。

(4)客戶滿意度。

(5)優質員工服務評核。

(6)新進員工工作守則。

(7)專案計畫書。

(8)標準作業流程。

輔導工作中最難處理的是申訴（客訴）。申訴是一件不容易處理的事，需要有方法。爲顧客簡化一切與組織合作的流程是最重要的事情。處理顧客抱怨練習（莫策安譯，2009）的步驟：

步驟一：發生什麼事：確定事由

1.寫下顧客抱怨的事由？

2.你該怎麼告訴顧客你會協助他們？

3.如何讓顧客覺得你明白他們的心情？

步驟二：造成的原因：釐清問題的癥結點

1.你如何告知顧客你該如何承諾他們？

2.你該如何向顧客解釋事情經過？

步驟三：我能怎麼辦：矯正當前的問題

1.你會如何告知顧客你打算怎麼解決他們的問題？如果顧客反對你的提議，你該怎麼表達同情之意？

2.假設顧客不滿意你提出的解決方案，試著寫出你可以提供的替代方案？

步驟四：我能怎麼辦：承認問題

1.告訴顧客未來你們會怎麼做，以避免再發生類似的問題。

2.這個問題是貴公司造成的嗎？爲了給顧客留下好印象，貴公司該賠償顧客。貴公司打算以什麼賠償顧客？

3.打電話給顧客確認後續狀況，該怎麼說？

步驟五：該怎麼做：徹底解決問題

1.想想你自己提出的狀況，分析哪裡出了問題。

2.公司與你，該怎麼做以避免未來再發生同樣的狀況？寫下貴公司會做什麼樣的改變。

第二節　日本照顧計畫書規劃與執行範例

日本在2012年國家的《高齡社會白書》的〈祝福與挑戰〉中提到，長壽問題是從2014年，男子平均壽命80.5歲，女子86.8歲，已經是世界高齡化的領頭羊這些數據中看出。「人生100年時代」課題的理解是一個重要關鍵。2012年日本政府「高齡社會對策大綱」改定後，「高齡者的非高齡者化」開始執行。如果百歲長壽人口漸增之下，個人應行動改變個人生存目標，將老年人能力發揮，以高齡者的能力在社會上盡全力及義務（若林靖永、樋口惠子編，2015）。而日本在介護服務上的發展，值得我們借鏡學習。以下就照顧計畫書規劃與執行做一說明。

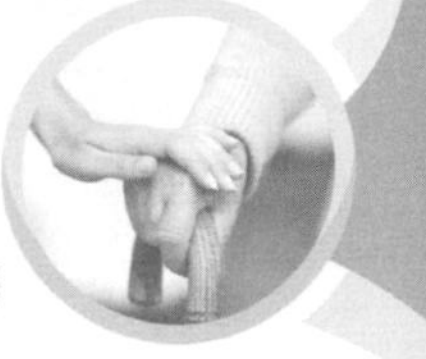

壹、照顧計畫書規劃與執行

日本在介護保險實施後，介護支援專門員，類似台灣的長期照顧管理中心的「照顧管理專員」，也有一人開三十案的規定，若有超過的情形，可以接案，但政府補助減少，以降低care manager超量接案造成服務品質下降的負面影響。因此在設計服務量的同時，除依照督導經驗評核一人可接受之服務量之外，亦參酌考量日本介護保險制度下之設計。

一、日本的居宅照顧計畫書規劃與執行

《居家照顧服務計畫書》（日本稱為《居宅服務計畫書》）（1）（**表3-8**），除了需填寫服務使用者姓名、地址、出生年月日之外，由於照顧計畫之撰寫，可能是第一次申請或繼續使用的個案，撰寫人是服務評估者，即介護支援專門員，因介護支援專門員分屬不同的機構，故須填寫居家照顧服務事業單位及地址。服務計畫完成日期，通常為初次評估日期，除非有服務內容變更，日期才會不同。核准日期為複評日期，同時填上核准有效期間。要介護狀態區分成「要支援」和「要介護」兩種，要支援1、要支援2、要介護1、要介護2、要介護3、要介護4、要介護5，共七項。

「服務使用者及家屬針對生活照顧的意向」、「介護認定審查會的意見及種類的指定」、「整合援助方針」、「生活援助中心型的計算理由」共四項內容需要撰寫。

1.服務使用者及家屬針對生活照顧的意向：獨居或共同生活者、步行狀況、腳的狀況、最近健忘程度、年金收入的擔心狀況等。

2.介護認定審查會的意見及種類的指定：若無，可以寫「無」。

3.整合援助方針：本人身心狀態及日常生活（吃飯、排泄、清潔、服藥、買物、掃除、洗衣）需要幫忙，金錢、醫療、居家護理師、藥師、民生委員，緊急聯絡電話（在宅服務工作站）、介護支援專門員電話。

4.生活援助中心型的計算理由：獨居或二人須照顧等情形之說明。

《居家照顧服務計畫書》（2）（**表3-9**）爲「生活照顧的問題及解決方案」，援助目標分爲長期目標和短期目標，長期目標爲期一年，短期目標爲期三個月左右，計畫書（2）顯示，短期目標爲可以進出浴室等有階梯落差的地方，長期目標爲一個人可以在屋內移動及洗澡等，主要是要訓練案主自主獨立生活能力的恢復。而援助內容方面，包括服務內容和服務類別，使用頻率和期間。計畫書（2）的案例中，服務內容爲訓練走路及階梯落差的修改兩項，因此對應服務類別爲居家服務和住宅修繕，提供服務事業所則分別爲居家服務站和福祉用具事業所。另外，若符合爲長照保險使用對象者打圈「○」記錄。使用頻率通常以週計算次數，提供服務期間則以介護支援專門員之評估核准認定。

計畫書第三頁爲「週間服務計畫表」（**表3-10**），時間從早上七點記錄到晚上十二點，日常生活主要活動有早餐、午餐、晚餐的註記，每週單位以外的服務，例如修繕等服務，其他還包括星期一到星期日週間所提供的居家服務。

計畫書第四頁爲「評價表」（**表3-11**），在短期目標三個月內評價援助內容之服務內容及服務種類，評論欄中塡寫具有認可效果的人或需要審查的事情，並塡寫開展服務的事業所，及塡寫短期目標的實現程度，分爲五個階段：

◎：上回預計的短期目標有達成

○：有達成短期目標（再設定新的短期目標）

△：短期目標可能達成，但時間會延長

X1：短期目標達成困難，有審查的必要

X2：沒有短期目標，而長期目標有達成的困難，有審查的必要

監控表（**表3-12**）中記錄短期目標和長期目標之評價表，項目爲服務評價和狀況變化。服務評價有居家護理、定期巡迴型居家照顧、福祉用具的租賃、居家照顧服務洗澡。狀況變化有服務使用者的感受（本人回答）、從家人看服務使用者的變化（家人回答）、被照顧者在使用服務使用時的變化（家人回答）。計畫執行狀況是否能執行、目標達成狀況是否有改善、計畫是否有變更或審查的必要性，都是評估値。

ADL狀況書（**表3-13**）在檢視日常生活動作能力等，狀況包括吃飯、排泄、穿脫衣服、移位，介護認定包括吃飯、型態、排尿、排便、失禁、方法、上衣的穿脫、褲子的穿脫、步行、移動、方法。吃飯有分可以自己吃、有審查的必要、需要一些協助、全部都需協助。若是經管營養，則屬管灌流質飲食。排泄的方面，除了確認是否可以自理之外，日間及夜間的照顧，仍要看是否需協助至廁所、是否需包尿布、是否需有導管等。穿脫衣服和移位，除了檢視是否可以自理之外，屋內及屋外可自己獨自走、需要拐杖、需要銀汽、可以步行器走、需使用輪椅及其他方式。

表3-8　居家照顧服務計畫書（1）

居家照顧服務計畫書（1）

第一次•繼續使用　已核准•申請中

□初評 □複評／□申請中 □已核定

服務使用者姓名：＿＿＿＿＿＿＿＿　出生年月日＿年＿月＿日

地址：＿＿＿＿＿＿＿＿

撰寫人姓名：＿＿＿＿＿＿＿＿

居家照顧服務事業單位及地址：＿＿＿＿＿＿＿＿

＿＿＿＿＿＿＿＿

服務計畫完成（變更）日期：＿年＿月＿日　初次評估日期：＿年＿月＿日

核准日期：＿年＿月＿日　核准有效期間：＿年＿月＿日～＿年＿月＿日

要介護狀態區分	要支援1 要支援2 要介護1 要介護2 要介護3 要介護4 要介護5

服務使用者及家屬針對生活照顧的意向	

介護認定審查會的意見及種類的指定	

整合援助方針	

生活援助中心型的計算理由	1.獨居 2.家人等的殘障、疾病 3.其他（　　　　）

表3-9　居家照顧服務計畫書（2）

居家照顧服務計畫書（2）

服務使用者姓名：＿＿＿＿＿＿＿＿＿＿＿＿

生活照顧的問題及解決方案	援助目標				援助內容					
	長期目標	期間	短期目標	期間	服務內容	※1	服務類別	※2	使用頻率	期間
四肢麻痺等	一個人可以在屋內移動及洗澡等	一年	可以進出浴室等有階梯落差的地方	三個月	訓練走路及階梯落差的修改	○ ○	居家服務 住宅修繕	居家服務站 福祉用具事業所	一週兩次 每日	三個月

※1.「是否為長照保險使用對象」，符合者打圈「○」。
※2.填入「提供服務事業所記錄」

表3-10　週間服務計畫表

週間服務計畫表

時間	星期一	星期二	星期三	星期四	星期五	星期六	星期日	日常生活主要活動
7:00								
8:00								
9:00								起床9:00以後 早餐10:00以後
10:00								
11:00								
12:00								
13:00								
		居家服務 （復原）		居家服務 （復原）				
14:00								午餐14:30
15:00								
22:00								晚餐22:00 以後 就寢
24:00								

每週單位以外的服務	

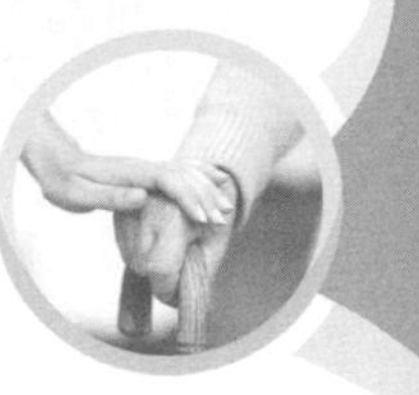

表3-11　評價表

評價表

服務使用者姓名：＿＿＿＿＿＿＿＿評價表完成日期：＿＿年＿＿月＿＿日

短期目標	期間	援助內容			結果※2	評論（具有認可效果的人／需要審查的事情）
		服務內容	服務種類	※1		
	三個月				○	

※1.填寫開展服務的事業所

※2.短期目標的實現程度分爲五個階段

◎：上回預計的短期目標有達成

○：有達成短期目標（再設定新的短期目標）

△：短期目標可能達成，但時間會延長

X1：短期目標達成困難，有審查的必要

X2：沒有短期目標，而長期目標有達成的困難，有審查的必要

表3-12　監控表（短期目標・長期目標評價表）

監控表（短期目標・長期目標評價表）

實踐期間	年 月 日～ 年 月 日
短期目標　評價月份	年　月
長期目標　評價月份	年　月

服務使用者姓名：＿＿＿＿＿＿

	項目	評價標準	家訪日期					
			4月 ○日	5月 ○日	6月 ○日	7月 ○日	8月 ○日	9月 ○日
服務評價	居家護理	1滿足						
	定期巡迴型居家照顧	2普通						
	福祉用具的租賃	3不滿						
	居家照顧服務洗澡	4不明						
狀況變化	服務使用者的感受（本人回答）	1良好 2有變化 3惡化						
	從家人看服務使用者的變化（家人回答）							
	被照顧者在使用服務時的變化（家人回答）							

		長期目標	短期目標		監控評價項目	評價結果					
□短期目標評估	□長期目標（短期→長期）評估				計畫執行狀況 1能執行 2有時不能執行 3完全不能執行						
					目標達成狀況 1有改善 2維持 3降低						
					計畫變更的必要性 1沒必要（繼續） 2必要（計畫的審查）						

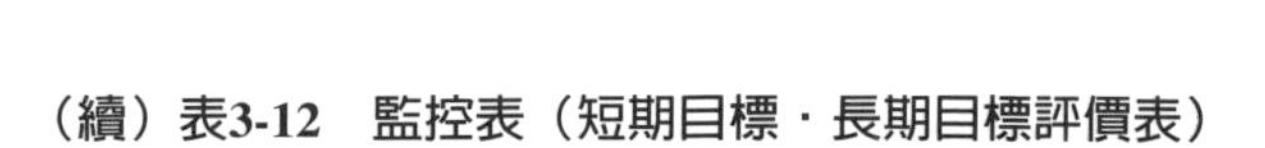

（續）表3-12 監控表（短期目標．長期目標評價表）

每月記錄表

月 日	上個月的變化：（ 有 無） 內容：
	原因（對策等）：
	特別事項：
月 日	上個月的變化：（ 有 無） 內容：
	原因（對策等）：
	特別事項：
月 日	上個月的變化：（ 有 無） 內容：
	原因（對策等）：
	特別事項：
月 日	上個月的變化：（ 有 無） 內容：
	原因（對策等）：
	特別事項：

表3-13 ADL狀況書

狀況		介護認定	評價標準	4月○日	5月○日	6月○日	7月○日	8月○日	9月○日
日常生活動作能力等	吃飯	吃飯	1自己吃 2有審查的必要 3一些協助 4全部協助						
		型態	主：粥 副：						
	排泄	排尿	1自己 2有審查的必要 3一些協助 4全部協助						
		排便	1自己 2有審查的必要 3一些協助 4全部協助						
		失禁	1有 2有時 3很少 4無						
		方法	「日間」廁所．P廁所．尿布．導管等						
			「夜晚」廁所．P廁所．尿布．導管等						
	穿脫衣服	上衣的穿脫	1自己 2有審查的必要 3一些協助 4全部協助						
		褲子的穿脫	1自己 2有審查的必要 3一些協助 4全部協助						
	移位	步行	1不能 2使用助行器可以 3不行						
		移動	1自己 2有審查的必要 3一些協助 4全部協助						
		方法	屋內：獨自走．拐杖．銀汽．步行器．輪椅．其他						
			屋內：獨自走．拐杖．銀汽．步行器．輪椅．其他						

貳、日本的居宅照顧小規模多機能計畫書規劃與執行

介護預防提供的安全管理及介護預防對應必要，可以看出醫學對應必要含生活機能評價（鈴木隆雄，2012），如**表3-14**所示。日本的居宅照顧小規模多機能計畫書執行，可以參考居家式小規模多機能服務之表單（中華民國老人福利推動聯盟，參考日本介護模式，製作之小規模多機能服務表單（106.06.05版），所製作的照顧計畫書（https://www.oldpeople.org.tw/ugC_Down_Detail.asp?hidDownCatID=3&hidDownID=203）。

表3-14　介護預防對應基本清單

			1	0
	1	有一個人坐巴士或電車外出嗎？	是	否
	2	有去買日用品嗎？	0	1
	3	有去存款提款嗎？	0	1
	4	有去朋友家裡拜訪嗎？	0	1
	5	有和家人或朋友聊天嗎？	0	1
運動器上的機能向上	6	手臂可舉高嗎？（階段□手□□臂□□□□昇）	0	1
	7	在椅子上坐可以嗎？可以從椅子上站起來嗎？	0	1
	8	可以15分鐘持續走路嗎？	0	1
	9	一年內有開車嗎？	1	0
	10	跌倒時很不安嗎？	1	0
營養改善	11	六個月間體重減少2～3公斤	1	0
	12	身高　cm　體重　kg　（BMI）		
口腔機能向上	13	比起半年前更不容易吃固體食物	1	0
	14	喝茶容易嗆到	1	0
	15	變得口乾渴沒力	1	0
外出次數	16	一週至少有外出一次以上嗎？	0	1
	17	比起去年外出次數減少嗎？	1	0
認知症	18	對周遭的人同樣的事忘記一直問一直講	1	0
	19	自己的電話號碼能打嗎？	0	1
	20	有曾經想不起今天是幾月幾日嗎？	1	0
心情鬱悶	21	（二週內）每日生活沒有充實感	1	0
	22	（二週內）目前為止做快樂的事卻不快樂	1	0
	23	（二週內）以前能快樂的事現在卻沒有感覺	1	0
	24	（二週內）思考自己幫助人類事物	1	0
	25	（二週內）無緣無故就有很累的感覺	1	0

附件3-1　政府補助型服務

依照台北市政府衛生局（2017）所提供的長期照顧服務對象及服務內容資料，可以提供督導做長照中心接案評估參考準則。長期照顧服務對象申請資格，須設籍且實際居住台北市，且符合長期照顧十年計畫之個案。65歲以上老人，經日常生活活動功能（ADL）評估爲生活自理能力缺失者。65歲以上獨居老人，經工具性日常生活量表（IADL）評估上街購物、外出活動、食物烹調、家務維持、洗衣服等五項中有三項需要協助者（屬輕度失能）。50歲以上之身心障礙者（需具有身心障礙手冊），經日常生活活動功能（ADL）評估爲生活自理能力缺失者。

未領有身心障礙者日間及住宿式照顧費用補助、臨時看護費用補助、政府提供之特別照顧津貼、失能老人接受長期照顧服務補助、聘僱外籍看護（傭）或其他相關照顧費用補助者。經評估符合下列項目之一：

1.設籍且實際居住本市日常生活功能需他人協助且經失能評估通過之居家身心障礙者，其認定標準應符合下列情形之一者：(1)未滿50歲之一般失能身心障礙者；(2)失智症患者；(3)慢性精神病患；(4)智能障礙者；(5)自閉症者。申請單位爲實際居住地身心障礙者資源中心。

2.64歲以下設籍且實際居住本市，因重大疾病影響生活自理能力有居家服務使用需求者。申請單位：請洽本市各社會福利服務中心。

50歲以上（含）之失能身心障礙者，申請單位爲台北市長期照顧管理中心各區服務站。長照中心的照管專員評估個案後，會將個案轉

給各地區承辦居家服務單位派案，督導則在接案後，開始督導及服務工作。

若是屬於長期照顧服務對象，其服務內容及資格限定，設籍且實際居住台北市。且符合長期照顧十年計畫之個案。65歲以上老人，經日常生活活動功能（ADL）評估爲生活自理能力缺失者。65歲以上獨居老人，經工具性日常生活量表（IADL）評估上街購物、外出活動、食物烹調、家務維持、洗衣服等五項中有三項需要協助者（屬輕度失能）。而失智症患者年齡在50歲以上，領有以下證明文件之一者，亦可提出申請。

1.領有身心障礙證明，其障礙類別爲第一類且ICD（**附件3-6**）診斷爲【10】。

2.領有失智症身心障礙手冊。

經衛生福利部評鑑合格之區域級以上醫院、精神專科醫院診斷爲失智症，並載明CDR（**附件3-7**）評估爲1～2分者。

附件3-2 ADL巴氏評估量表

個案姓名：＿＿＿＿＿＿＿＿＿＿個案編號：＿＿＿＿＿＿＿＿＿＿

項目	分數				內容
評估日期	年 月 日	年 月 日	年 月 日	年 月 日	
1.進食	10	10	10	10	自己在合理時間內（約10秒鐘吃一口），可用筷子取食眼前食物，若需使用進食輔具時，會自行取用穿脫，不需協助。
	5	5	5	5	需別人協助取用或切好食物或穿脫進食輔具。
	0	0	0	0	無法自行取食。
2.移位	15	15	15	15	可自行坐起，且由床移位至椅子或輪椅，不須協助，包括輪椅煞車及移開腳踏板，且沒有安全上的顧慮。
	10	10	10	10	在上述移位過程中，須些微協助（例如：予以輕扶以保持平衡）或提醒，或有安全上的顧慮。
	5	5	5	5	可自行坐起但須別人協助才能移位至椅子。
	0	0	0	0	需別人協助才能坐起或需兩人幫忙才可移位。
3.如廁	10	10	10	10	可自行上下馬桶，便後清潔，不會弄髒衣褲，且沒有安全上的顧慮，倘使用便盆，可自行取放並清洗乾淨。
	5	5	5	5	在上述如廁過程中須協助保持平衡，整理衣物或使用衛生紙。
	0	0	0	0	需別人協助才能完成如廁過程。
4.洗澡	5	5	5	5	可自行完成盆浴或淋浴。
	0	0	0	0	需別人協助或監督才能完成盆浴或淋浴。
5.平地走動	15	15	15	15	使用或不使用輔具（包含支架、義肢、助行器），可走50公尺以上。
	10	10	10	10	需稍微扶持或口頭教導方向即可走50公尺以上。
	5	5	5	5	雖無法行走，但可獨立操作輪椅或電動輪椅，並可推50公尺以上。
	0	0	0	0	需要別人完全幫忙。
6.穿脫衣褲鞋襪	10	10	10	10	可自行穿脫衣褲鞋襪，必要時使用輔具。
	5	5	5	5	在別人幫忙下，可自行完成一半以上動作。
	0	0	0	0	需別人完全幫忙。

項目	分數				內容
7.個人衛生	5 0	5 0	5 0	5 0	可自行刷牙、洗臉、洗手及梳頭髮或刮鬍子。 需別人協助才能完成上述盥洗項目。
8.上下樓梯	10 5 0	10 5 0	10 5 0	10 5 0	可自行上下樓梯（可抓扶手或用枴杖）。 需稍扶持或口頭指導或監督。 無法或需大量協助。
9.大便控制	10 5 0	10 5 0	10 5 0	10 5 0	不會失禁，必要時會自行使用塞劑（軟便劑）。 偶爾會失禁（每週不超過一次），使用尿布尿套時需要別人幫忙。 需人協助處理。
10.小便控制	10 5 0	10 5 0	10 5 0	10 5 0	不會失禁，必要時會自行使用並清理尿布、尿袋。 偶爾會失禁（每週不超過一次），使用尿布尿套時需要別人幫忙。 需人協助處理。
總分					
填表人					※執行情形產生變化時，請於紀錄說明並以紅筆註明變動項目。

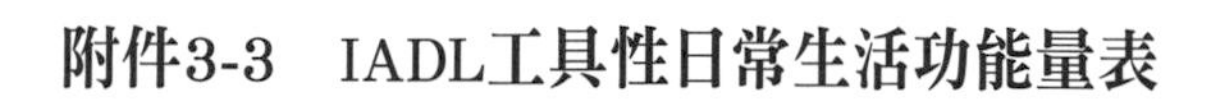

附件3-3 IADL工具性日常生活功能量表

個案姓名：＿＿＿＿＿＿＿＿＿＿個案編號：＿＿＿＿＿＿＿＿＿＿

項目	執行情形				內容
評估日期	年 月 日	年 月 日	年 月 日	年 月 日	
1.上街購物	3	3	3	3	獨立完成所有物購物需求。
	2	2	2	2	獨立購買日常生活用品（小額購買）。
	1	1	1	1	每一次上街購物都需要有人陪伴協助。
	0	0	0	0	完全無法上街購物。
2.外出活動	4	4	4	4	能夠自己搭乘大眾運輸工具或自己開車、騎車。
	3	3	3	3	可搭計程車或大眾運輸工具。
	2	2	2	2	能夠自己搭乘計程車但不會搭乘大眾運輸工具。
	1	1	1	1	當有人陪同時可搭乘計程車或大眾運輸工具。
	0	0	0	0	完全不會搭車外出。
3.食物烹飪	3	3	3	3	能獨立計劃，烹煮一頓適當的飯菜。
	2	2	2	2	如果準備好一切佐料，會做一頓適當的飯菜。
	1	1	1	1	會將已做好的飯菜加熱。
	0	0	0	0	需要別人將飯菜煮好、加熱及擺好。
4.家務維持	4	4	4	4	能做繁重的家事或需偶爾家事協助（如搬動沙發、擦地板、洗窗戶）單獨理家，頂多粗重家事須人協助。
	3	3	3	3	能做較簡單的家事，如洗碗、鋪床、疊被。
	2	2	2	2	能做家事，但不能達到可被接受的整潔程度。
	1	1	1	1	所有的家事都需要別人協助。
	0	0	0	0	完全不會做家事。
5.洗衣服	2	2	2	2	自己清洗所有衣物。
	1	1	1	1	只能清洗小件衣物。
	0	0	0	0	完全依賴他人洗衣服。
6.使用電話能力	3	3	3	3	獨立使用電話，含查電話簿、撥號等。
	2	2	2	2	僅可撥熟悉的電話號碼。
	1	1	1	1	僅會接電話，不會撥電話。
	0	0	0	0	完全不會使用電話或不適用。

項目	執行情形				內容
7.服用藥物	3 2 1 0	3 2 1 0	3 2 1 0	3 2 1 0	能自己負責在正確時間服用正確的藥物。 需要提醒或少許協助。 如果事先準備好服用的藥物分量，可自行服用。 不會自己服用藥物。
8.處理財務能力	3 2 1 0	3 2 1 0	3 2 1 0	3 2 1 0	可獨立處理財務出之計算、提款及存款、相關收據整理，自行分配日常開銷。 需要稍微協助，即可完成日常生活財務支出之計算、提款及存款、相關收據整理，可自行分配日常開銷等工作（如幫忙存款等）。 僅能完成局部財務工作，如僅會記帳，無法自行辦理提款或存款等。 完全無法自行處理財務。
總分					
填表人					※執行情形產生變化時，請於紀錄說明並以紅筆註明變動項目。

附件3-4　委託執行業務達成率

表1　就業徵才達成率

月份	1	2	3	4	5	6	7	8	9	10	11	12	合計
目標													
執行													
達成率%													

表2　教育訓練辦理達成率

月份	1	2	3	4	5	6	7	8	9	10	11	12	合計
目標													
執行													
達成率%													

表3　客戶開拓達成率

月份	1	2	3	4	5	6	7	8	9	10	11	12	合計
目標數													
開發數													
達成率%													
評估數													
客戶數													

表4　服務收入達成率

月份	1	2	3	4	5	6	7	8	9	10	11	12	合計
目標額													
服務額													
達成率%													

附件3-5　「一例一休」

勞動基準法部分條文修正法案，已於105年12月21日經總統公佈。本次修正除落實勞工週休二日及國定假日全國一致外，勞工可享有更多休息日及特別休假，同時，亦透過「工資成本以價制量」、「工時安排總量管制」方式，進一步落實週休二日之目標。本專區主要提供以下內容，包含勞動基準法及施行細則修正條文、函釋、法規命令、行政規範、常見問答、勞動基準法檢舉案件保密及處理辦法、勞動基準法修正之監督及檢查處理原則、勞動基準法持續輔導分級檢查實施計畫摘要、各行業調適指引、試算系統等資訊。

資料來源：勞動部（2017）。週休二日修法說明。https://www.mol.gov.tw/topic/32853/

凡適用勞動基準法之事業單位，其僱用之勞工均受該法保障。部分工時勞工如於法定休息日出勤工作，即使當週正常工作時間未達40小時，仍應依休息日出勤工資加給標準計給工資。例如時薪180元，每週固定出勤六天，每天工作3小時，雖然一週只出勤18小時，未達法定正常工作時數40小時的上限，但依法令規定，第六天出來工作，當日仍必須依照休息日之加班費標準計給當日工資。

計算方式：

休息日工作3小時，以4小時計，當日應給付之工資為1,083元

180×1.34×2+180×1.67×2=1,083

107年1月10日立法院臨時會三讀通過勞動基準法部分條文修正案，將一例一休改回七休一，於107年3月開始實施。

附件3-6 ICD

國際疾病分類第十版（ICD-10-CM/PCS）

台灣國內目前採用ICD-9-CM疾病編碼系統，但ICD-9-CM已使用超過30年，其編碼組合已經不符合醫療照護資料分類之需求，對病人照護體系的診斷以及住院病人的處置手術都無法精確的描述，且ICD-9-CM許多有關病況、處置術語以及分類都已趕不上時代需求，且常有模糊不清或不一致的情形，ICD-9-CM在醫療上以及醫用術語上也無法提供較大的改進空間。

ICD-10是國際疾病傷害及死因分類標準第十版，是世界衛生組織（WHO）依據疾病的某些特徵，按照規則將疾病分門別類，並用編碼的方法來表示的系統。現有版本包括15.5萬種代碼，並記錄多種新型診斷及預測，與ICD-9版本相比較，該版本增加了1.7萬個代碼。

所謂ICD-10-CM/PCS，CM指的是診斷碼，PCS指的是處置碼（也稱爲醫令），ICD-10-CM/PCS有幾個特性優於ICD-9-CM，包括多了側性（區分左右兩側）、嚴重程度描述，增加了「提供醫療照護的時機」描述，因此能夠更清楚描述或呈現一個人的情況，所需的照護或處置。邏輯思考上與ICD-9-CM有很大的不同，在病歷書寫上也必須描述得更清楚，如：若被球打到受傷，要描述出被哪一種球打傷，編碼人員才能夠從病歷描述中找到編碼。

國際健康功能與身心障礙分類系統（ICF）就是採用國際疾病分類第十版ICD-10-CM/PCS。ICD是以疾病分類爲主，ICF則以健康分類爲主，透過二套系統的整合運用，產生有意義的資料，將可彙整、存檔、表列、搜尋及分析統計之用。

國內自99年起開始編列3,000萬元的公務預算執行相關工作，包括培訓85名師資、進行中文版初稿、教育訓練教案、編碼指引、製作對應資料、建立資訊系統、培訓編碼人員、進行模擬編碼、設計轉碼工具、進行教育訓練、納入醫學院課程、特約醫院小規模導入、健保申報格式改版、擴充軟硬體設備、分析分階段或同步導入（門／住診），預計於103年完成導入，目前國內已有七間醫院導入ICD-10-CM/PCS。

資料來源：e能網（2017）。國際疾病分類第十版ICD-10-CM/PCS，http://www.enable.org.tw/scope/detail01.php?id=227

臨床失智評估量表〈CDR〉之分期

病人姓名：＿＿＿＿＿＿＿病歷號：＿＿＿＿＿＿＿＿評估日期：＿＿＿＿＿＿＿＿

	記憶力	定向感	解決問題能力	社區活動能力	家居嗜好	自我照料
無 (0)	沒有記憶力減退或稍微減退。沒有經常性健忘。	完全能定向。	日常問題（包括財務及商業性的事物）都能處理的很好；和以前的表現比較，判斷力良好。	和平常一樣能獨立處理有關、工作、購物、業務、財務、參加義工及社團的事務。	家庭生活，嗜好，知性興趣都維持良好。	能完全自我照料。
可疑 (0.5)	經常性的輕度遺忘，事情只能部分想起；「良性」健忘症。	完全能定向，但涉及時間關聯性時，稍有困難。	處理問題時，在分析類似性和差異性時，稍有困難。	這些活動稍有障礙。	家庭生活，嗜好，知性興趣，稍有障礙。	能完全自我照料。
輕度 (1)	中度記憶減退；對於最近的事尤其不容易記得；會影響日常生活。	涉及時間關聯性時，有中度困難。檢查時，對地點仍有定向力；但在某些場合可能仍有地理定向力的障礙。	處理問題時，分析類似性和差異性時，有中度困難；社會價值之判斷力通常還能維持。	雖然還能從事有些活動。但無法單獨參與。對一般偶而的檢查，外觀上還似正常。	居家生活確已出現輕度之障礙，較困難之家事已經不做；比較複雜之嗜好及興趣都已放棄。	需旁人督促或提醒。

	記憶力	定向感	解決問題能力	社區活動能力	家居嗜好	自我照料
中度(2)	嚴重記憶力減退只有高度重複學過的事務才會記得；新學的東西都很快會忘記。	涉及時間關聯性時，有嚴重困難；時間及地點都會有定向力的障礙。	處理問題時，分析類似性和差異性時有嚴重障礙；社會價值之判斷力通常已受影響。	不會掩飾自己無力獨自處理工作、購物等活動的窘境。被帶出來外面活動時，外觀還似正常。	只有簡單家事還能做興趣很少，也很難維持。	穿衣、個人衛生、及個人事物之料理，都需要幫忙。
嚴重(3)	記憶力嚴重減退只能記得片段。	只維持對人的定向力。	不能做判斷或解決問題。	不會掩飾自己無力獨自處理工作、購物等活動的窘境。外觀上明顯可知病情嚴重，無法在外活動。	無法做家事。	個人照料需仰賴別人給予很大的幫忙。經常大小便失禁。

小項記分 ☐ ☐ ☐ ☐ ☐ ☐

臨床失智評估量表第三級以上失智症認定標準雖然還沒有訂出來，面對更嚴重的失智障礙程度時，可以參考以下的規則：

深度(4)	說話通常令人費解或毫無關聯，不能遵照簡單指示或不瞭解指令；偶而只能認出其配偶或照顧他的人。吃飯只會用手指頭不太會用餐具，也需要旁人協助。即使有人協助或加以訓練，還是經常大小便失禁。有人協助下雖然勉強能走幾步，通常都必須需要坐輪椅；極少到戶外去，且經常會有無目的的動作。
末期(5)	沒有反應或毫無理解能力。認不出人。需旁人餵食，可能需用鼻胃管。吞食困難。大小便完全失禁。長期躺在病床上，不能坐也不能站，全身關節攣縮。

目前的失智期：
0-沒有失智
0.5-未確定或人待觀察
1-輕度失智
2-中度失智
3-重度失智
4-深度失智
5-末期失智
☐ ☐

評估醫師：＿＿＿＿＿＿＿＿

資料來源：我的e政府（2017）。臨床失智評估量表。http://www.gov.tw/Form_Content.aspx?n=21595FA41A9EE70A&sms=CE45CBF44B3CA591&s=250EFB329E60B29E

參考文獻

若林靖永、樋口惠子編（2015）。《2050年起高齡社會コミュニテイ構想》。日本東京都：岩波書店。

莫策安譯（2009）。Renée Evenson著。《服務聖經101：你一定要學的顧客服務技巧》。台北市：高寶國際。

彭懷真（2016）。《志願服務與志工管理》。新北市：揚智文化。

鈴木隆雄（2012）。《超高齡社會の基礎知識》。日本東京都：講談社。

台北市政府衛生局（2017）。〈長期照顧——3大生活照顧服務——居家服務〉。http://health.gov.taipei/Default.aspx?tabid=882

Taibbi, R. (2013). *Clinical Social Work Supervision Practice and Process*. New Jersey: Person Education.

Chapter 4

督導工作表單

陳美蘭、許詩妤

學習重點

1.督導工作表單製作

2.服務工作表單範例

台灣的老化速度，隨著現代醫療技術及科技的進步，老人人口比例逐年增加。台灣自1993年邁入高齡化社會之後，老人人口已經超過台灣總人口的7%。老年人居家照顧所需經費及人力，不可忽視。衛生福利部社會及家庭署於106年度推展社會福利補助經費申請補助項目及基準，為配合長期照顧十年計畫2.0，包含居家服務、日間照顧及家庭托顧之照顧服務，直轄市政府社會局及縣市政府提出「長期照顧整合型計畫」，向衛生福利部社會及家庭署提出申請，再由衛生福利部召開會議審查。經核定後，直轄市政府社會局及縣市政府結合民間辦理單位，將其補助、特約、委託服務單位之核定結果及該單位自籌經費文件，按月彙整報備以提供備查。服務使用者所需經費，除居家服務專案處理之外，直轄市政府社會局及縣市政府依照行政院主計總處新公告之「各直轄市及縣市政府財力分級表」編列自籌款配合辦理。自籌比例為第一級15%以上，第二級10%以上，第三級至第五級5%以上（參考**附件4-1**）。而山地原住民鄉、離島鄉、平地原住民鄉及偏遠地區參照衛生福利部護理及健康照護司界定之標準辦理。

居服督導員在政府經費補助服務中，占有很重要的角色。居服督導員管理指導居家服務員，一位居督之服務案量不超過60個。居服督導員上有編制一位督導，整合管理居家服務督導員。督導上面有編制一位組長，統籌管理服務單位內部對上、對下及對外事務。組長則對主任負責工作報告，而主任對上級各單位主管，做溝通協調及行政布達。督導工作表單在工作上十分重要，主要用在記錄留存及提醒用。

第一節　督導工作表單製作

督導工作表單製作，一般會用到Word、Excel和PowerPoint。表頭（頁首）插入組織Logo圖案，檔案則依照專案分類，在行政文書與檔案建置方面，有五點要注意：(1)字體、格式要統一；(2)建立專案；(3)建立目錄；(4)分類分責；(5)定期更新表單。

督導月工作表單可以從督導每月工作流程中看出，包括月初、月中和月底所需要製作的表單，其中還包括需求評估和簽約。

1.月初：

(1)結帳：簽到表、督導助理簽到表、服務員工作紀錄、班表。

(2)報告上月工作狀況：排班表、服務員成本明細、社區客源開發紀錄、廣宣活動記錄、客戶資料動態月報表、居服員輔導紀錄、客訴處理記錄單。

2.月中：

(1)訓練規劃：課程問卷調查、在職訓練簽到表、教育訓練SOP表。

(2)服務問題解決：客訴處理記錄單、滿意度調查表。

3.月底：

(1)檢討報告：月檢討報告與改善計畫。

(2)輔導紀錄：居服員輔導紀錄。

4.需求評估及簽約：服務使用者需求評估表、服務契約書。

此外，督導或居服督導員按照以下工作，可以做成SOP標準作業流程，包括：

1.服務提供第一天之工作流程。

2.服務中申訴處理之工作流程。

3.服務結案之工作流程。

4.家訪之工作流程。

5.任用之工作流程：服務契約書。

6.需求評估之工作及簽約流程：服務使用者需求評估表。

此外，雙人確認機制（double check）可以確保薪資計算正確無誤，長期照顧服務表單可因人、事、地、物不同，而作表單數量及內容的增減。以下就特約新制表單說明如下：

壹、長期照顧服務表單

一般來說，長期照顧服務表單可以分成補助申請跟自費服務工作報告用。以下就特約制長期照顧服務、自費型照顧服務、小規模多機能照顧服務之各項工作表單做一說明。

一、特約制長期照顧服務表單範例

依照新特約制規定所制定的制式表單，包括長期照顧服務申請書（**附件4-2**）、照顧工作表（**附件4-3**）、照顧服務代碼及服務項目——身體照顧服務（**附件4-4**）、照顧服務代碼及服務項目——日常生活照顧及家事服務（**附件4-5**）、照顧服務代碼及服務項目——居家陪伴服務（**附件4-6**）、照顧問題清單（**附件4-7**）、長照需要等級與居家服務給付額度（**附件4-8**）。居家服務依照長照需要等級分成八級，其給付額度、補助、部分負擔，如**表4-1**所示。

二、自費型照顧服務表單範例

自費照顧服務較貼近市場機制，表單的製作，多以工作回報和記錄爲主。一般來說，自費照顧服務表單可以分成九大項，以人力、收入、培訓、產學、開發、管理、輔導、會議、報告爲主，內容包括面試徵才、營業目標、教育訓練、人才培育、客戶管理、服務品質、問題處理、決策方針、檢討紀錄等。以下就各項工作表單做一說明。

表4-1 居家服務給付額度、補助、部分負擔

長照需要等級	失能描述	基本給付額度（元／月）	
		建議時數	給付額度
第一級	極輕微或無ADLs及IADLs失能狀態	不給付	不給付
第二級	極輕微或沒有ADLs失能狀態，中度或重度IADLs失能狀態，且無失智症	17～15	4,310
第三級	輕微ADLs失能狀態，輕微或中度IADLs失能狀態	26～24	6,640
第四級	以下失能狀態任一： 1.中度ADLs失能狀態，且中度IADLs失能狀態 2.無ADLs失能狀態，但中度IADLs失能狀態，且有失智症 3.輕度ADLs失能狀態，且重度IADLs失能狀態及有情緒問題行為	31～29	7,970
第五級	以下失能狀態任一： 1.嚴重ADLs失能狀態，且輕微IADLs失能狀態 2.中度ADLs失能狀態，且重度IADLs失能狀態	40～37	10,350
第六級	以下失能狀態任一： 1.嚴重ADLs及IADLs失能狀態，無特殊照護 2.輕度ADLs失能狀態，且重度IADLs失能狀態及高度情緒問題行為	47～43	12,050
第七級	以下失能狀態任一： 1.嚴重ADLs及IADLs失能狀態，且有特殊照護 2.極嚴重ADLs失能狀態，無特殊照護	53～49	13,780
第八級	以下失能狀態任一： 1.極嚴重ADLs失能狀態，且有特殊照護 2.ADLs完全失能狀態	60～56	15,530

資料來源：衛生福利部。

1.人力：面試履歷表（**附件4-9**）、服務員資料（**附件4-10**）。

2.收入：服務收支（**附件4-11**）、薪資計算（**附件4-12**）。

3.培訓：教育訓練（**附件4-13**）。

4.產學：學生實習（**附件4-14**）。

5.開發：客戶管理（**附件4-15**）。

6.管理：服務滿意度（**附件4-16**）。

7.輔導：員工優質服務評核表（**附件4-17**）。

8.會議：會議紀錄。

9.報告：工作報告（**附件4-18**）。

三、小規模多機能照顧服務表單範例

日本小規模多機能照顧服務表單，如第三章第二節「居家照顧服務計畫書」（日本稱爲居宅服務計畫書）類似，在台灣亦有翻譯版可以下載，可以參考縣市辦理小規模多機能服務計畫書（**附件4-19**）。

對督導而言，面試徵才是經常會碰到的活動，單位會因爲業務量增加而必須增加人力。一般來說，面試場有分小型中型及大型，以人數來看爲五人以下、五人以上，以及政府就業服務單位舉辦的大型廠商就業徵才活動。

就業中心會提供徵才活動參加廠商報名表職務說明書（**表4-2**），讓廠商廠商填寫全名、聯絡姓名職稱及電話、工作地點、職務名稱、徵才條件和職務內容。職務內容的部分，工作時間、工作項目、工作專業知識及技能需求、工作複雜性及困難度、薪資待遇都要註明，職務名稱也要清楚載明，若有需求人數上限，就要寫上徵才錄用人數，以方便就業服務員爲就業單位預先找出適合人選。面試完成後，應填寫面試者紀錄（**表4-3**），以方便後續追蹤錄用人數資料。

督導月初需要製作的報表（**表4-4**），依照各單位工作報告所需，至少可以有十二項，包括檢討報告、輔導紀錄、需求評估、面試統計、滿意度、月營業表、家訪紀錄、結案分析、人員統計、業務執行、客戶資料、教育訓練。

表4-2　徵才活動參加廠商報名表職務說明書

<table>
<tr><td colspan="4">徵才活動參加廠商報名表職務說明書</td></tr>
<tr><td>廠商全名</td><td colspan="3"></td></tr>
<tr><td>聯絡電話</td><td></td><td>聯絡人姓名
職稱</td><td>督導</td></tr>
<tr><td>工作地點</td><td colspan="3">台北市、新北市及北北基部分區域</td></tr>
<tr><td>職務名稱</td><td colspan="3">居家陪伴員
督導助理</td></tr>
<tr><td rowspan="2">徵才條件</td><td colspan="3">學歷：不限</td></tr>
<tr><td colspan="3">證照：不限</td></tr>
<tr><td rowspan="5">職務內容</td><td colspan="3">工作時間：週一到週五9:00～18:00</td></tr>
<tr><td colspan="3">工作項目：居家陪伴、照顧服務、家事服務、備餐服務</td></tr>
<tr><td colspan="3">工作專業知識及技能需求：</td></tr>
<tr><td colspan="3">工作複雜性及困難度：</td></tr>
<tr><td colspan="3">薪資待遇：</td></tr>
<tr><td>備註</td><td colspan="3">有升遷制度，可配合獎僱補助，每月在職訓練
歡迎二度就業婦女，相關科系學生面試</td></tr>
</table>

表4-3　面試者紀錄

No	面試日期	編號	面試者姓名	是否錄用	備註
1					
2					
3					
4					
5					
6					
7					
8					
9					
10					

表4-4　督導月初需要製作的報表

督導月初需要製作的報表

月份：＿＿＿＿＿

No	報表名稱	完成日期	主管	備註
1	檢討報告			
2	輔導紀錄			
3	需求評估			
4	面試統計			
5	滿意度			
6	月營業表			
7	家訪紀錄			
8	結案分析			
9	人員統計			
10	業務執行			
11	客戶資料			
12	教育訓練			

貳、教育訓練表單

教育訓練的規劃及安排，是督導進入督導工作的第一步，在活動的規劃中，學習最基本的規劃、聯絡、安排，教育訓練的規劃必須要有標準作業流程，讓助理可以藉由標準作業流程步驟來完成工作。以迦勒中心協助開辦之老人居家健康照顧班爲例（**附件4-13**），共計24小時，爲期六週的課程，六次課程以媒合銀髮人力就業爲主，包括老人餐食製作、膳食設計、食品衛生與安全、家事服務、清潔打掃物品說明、工作技能示範、照顧服務實務、照顧技能進階研習、All In One需求評估、服務品質管理、照顧服務品質提升方法Q&A、長青照護、老人常見疾病、老人疾病預防保健、健康引導、老人健康促進、照顧專業技能探討老人疾病預防保健。教育訓練在安排中，包括教育訓練的流程規劃及教育訓練的整體安排。

一、教育訓練的流程規劃

在教育訓練裡，除了如何讓服務員學習到專業知識，流程的安排也十分重要。開場可以用禱告開始，讓大家靜下心，然後請服務員帶互動團康遊戲，接著開始上課，課程中講師與學員的互動及時間的掌控很重要。課程前後可以安排帶健康操運動，然後留一點時間給員工上台分享，最後還是以禱告結束。例如：

6:15～6:20　禱告
6:20～6:25　團康遊戲
6:25～7:15　課程：活躍老化、樂活人生
7:15～7:25　健康操
7:25～7:30　作業說明、行政佈達
7:30～7:35　實務分享
7:35～7:40　實務分享
7:40～7:45　結束禱告

二、教育訓練安排

訓練期間、訓練時間、訓練地址、參與獎勵、人員配置（照相及錄影各1人）、簽到處1人，以及講師確認、教學準備、工具確認、當天工作人員名單及流程執行。

1.上課前一個月做講師確認，並確認上課日期、講師姓名及講題。
2.上課前一週做教學工具準備的工作，確認白板筆、麥克風、簡報筆、相機、錄影設備、教育訓練海報、座位姓名立牌、簽到

表2份、課程問卷、講義及確認講師簡報已收到。

3.上課前一週應提醒學員上課日期及時間。

4.上課前二天確認學員是否出席並製作工作人員名牌。

5.上課前一天確認參加者姓名及人數、葷素便當數量、準備投影機及電腦。

6.上課前一天確認當天工作人員名單，包括簽到處、備餐者及服務人員。討論教育訓練當日流程，及做事前演練。

7.上課當天依照以下流程執行：

(1)架設電腦及投影機。

(2)準備便當。

(3)放置簽到處桌子、簽到表及筆。

(4)放置參加者名牌於桌上，並放置講義、問卷調查表。

(5)確認學員有拿到便當、講義，並簽到。

(6)安排主管、講師、學員陸續用餐及就座。

(7)學員於簽到時領取下個月的簽到表及工作記錄單。

參、年度計畫書及成果報告書撰寫

督導年度工作中，撰寫年度計畫書及成果報告，是例行撰寫工作。年度計畫書之撰寫目的，在瞭解工作目標及確認工作願景。成果報告書之撰寫，在讓組織更瞭解各單位的年度運作創新的服務與感動情形。年度計畫書之撰寫，包括緣起、目的、目標、時間及計畫聯絡人，再依照年度工作目標，完成各項工作產出。以下以迦勒居家照顧服務中心之年度計畫書爲例來分享，格式如下：

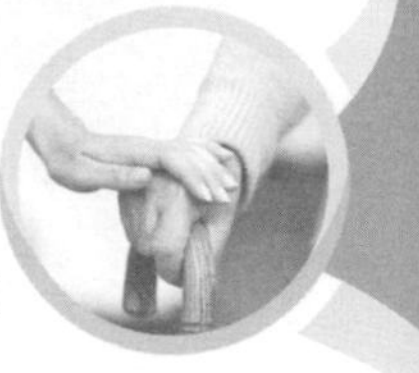

一、年度計畫書

(一)緣起

伊甸基金會自2014年開始，設立迦勒居家照顧服務中心，承接自費型照顧服務，補足縣市政府之長期照顧中心，評估且開案服務後，服務時數及照顧人力仍有不足的部分，開發社區型照顧服務模式，承接開展各項符合高齡者所需之照顧服務。同時，爲提升照顧服務品質，在創新與傳承之間，設立社區式照顧樣態，並在照顧領域中，提升服務技能，增進服務者與被服務者身心靈層面健康之提升，達到台灣銀髮照顧之超越老化目標，持續伊甸雙福理念（福音及福利）實踐於各項工作。

(二)目的

本專案計畫執行之目的，第一項重點，在建置照顧服務員人力資源方面的努力之外，並著重於人力留任。第二項重點，在培育督導管理人才。第三項重點，在增加學生就業力。

(三)目標

本計畫之工作產出需按期完成。並完成工作目標中之各項目標達成值。

(四)時間

計畫起迄時間爲2016年1月1日起至2016年12月31日止。定期開會檢討及報告工作進度。每月進行一次教育訓練，本年度並新增認知訓練活動設計，加強被照顧者在互動中，活化腦部的功能，增進身體主動運動之能力。

(五)計畫聯絡人

填寫計畫聯絡人姓名、電子郵件及聯絡電話等資料。

二、成果報告書

成果報告書主要在記錄當年度新增服務方式、新增服務內容，或是創新服務內容、歷程、心得感想，以及對未來的展望。同時撰寫今年度在服務中，對自己及對組織有意義的事、感動與成長的部分，或是服務對象接受服務後的改變，以及個人及中心主管對明年度發展的期許。以下示範撰寫方式供大家參考。

中心：伊甸基金會附設迦勒居家照顧服務中心
文章標題：人才培育與專業成長
職稱：督導助理
姓名：許詩妤

迦勒中心全力幫助每位需要就業的中高齡婦女，以及相關科系的學生就業媒合，不限制年齡，也不限制學歷，最重要的是對工作的態度。今年和許多就業服務站做徵才的活動，其中和銀髮中心合作開課，藉由課程讓一些高齡婦女加入迦勒中心，幫助他們就業。

一、作育人才、增能培力

在今年7月，正式將一位居服員升遷為居服督導，他會利用假日的時間，去進修自己的學歷、專業能力，並應用在自己的工作上。雖然他在行政操作方面並沒有像年輕人一樣，但是在迦勒中心「只要肯學習，沒有什麼是不可能的」，一步一步慢慢地教，讓他

學會如何操作。透過實習，讓相關科系的學生在畢業前，利用暑假的時間實習，讓學生不只學習行政的操作，最重要的是能夠學習實務上的經驗，讓學生能夠更瞭解照顧服務，畢業後立即就業。

二、只要有心、能力到位

有些服務員會將他們每天煮給案主的美味佳餚拍照，並上傳到群組上，每道菜餚都令人垂涎三尺。一位年輕的服務員，用自己設計的認知訓練活動，幫助了一位案主，從無法講出自己的名字，到能夠講出自己的名字，經過了服務員一年的照顧，案主進而能夠與人溝通。另外，有一位服務員，剛開始服務的時候，因為在家裡都沒有常常在做家事、煮飯的習慣，所以幾乎什麼都不太會做，但是經過督導慢慢地帶她、教她，現在她照顧案主都照顧得很好，這是她很大的突破。這些是迦勒中心這一年度的創新與令人感動的服務內容。

肆、新進人員錄用的表單

新進人員在確定正式錄用之後，督導首先要請新進人員填寫任用資料之外，還要準備三個月內的體檢表及良民證，體檢的項目，主要用在進入案主家服務之前，確認新進服務員沒有傳染病及阿米巴痢疾等。填寫資料時，新進人員應誠實填寫資料，並準備好各項所需資料。完成填寫資料後，一定要確實瞭解單位工作守則，並確實遵守。督導填寫完面試記錄表後，將資料收齊送交主管。

一、工作守則

1.簽到表與工作記錄表：中間的休息時間至少要半個小時至一個小時。國定假日收費則以雙倍計算。

2.上下班回報：回報上下班時間。

3.工作狀況：

(1)若遇到任何狀況，即時回報督導。工作中如需要用到手機處理私人事務的時候，請在中午休息的時間使用。

(2)請假：請提前一個禮拜告知督導，請督導、主管簽核請假單。

(3)薪資：告知發薪日，起薪依照工作能力、證照有無、接班狀況調整。依照工作時間計算薪資。

4.考核：

(1)定期考核一次，提供獎勵名額。

(2)辦理優質員工考評。

5.儀容：工作時應保持愉悅的心情，所說、所做都要有禮貌，長髮者應將頭髮束起。

6.教育訓練：教育訓練務必出席，請假後補足上課時數。

7.工作態度：

(1)認眞樂觀正向，會鼓勵案主正面思考，能與督導學習專業技能，站在單位服務人群的立場提供服務。

(2)有任何工作上的問題，立刻與督導討論，目的在提高服務品質與向心力。

8.升遷管道：當有職缺時，依照單位規定且符合資格者，可以升遷爲居服督導員職。

二、考核表單

考核表單的內容，提供給服務員瞭解，有助於服務品質的提升。考核項目爲行政管理方面、專業技能方面、其他協助單位或對中心形象有加分效果的項目。因客訴、疏失、怠惰不上班、違反規定等情節，也會影響考核成績。

(一)行政管理方面

1.參加訓練課程中不吵鬧、與講師互動。
2.能配合排班或調班，不因案家距離或其他因素而拒絕。
3.每月依規定繳交表單並完整塡寫。
4.服務無遲到早退。
5.不私下調班、請假會完成請假手續。
6.會聽督導建議調整服務方式或態度。

(二)專業技能

1.依照顧計畫提供服務、具備照顧技巧，並能熟練運用。
2.有效率規劃工作順序並正確完成。
3.提供案主家屬照顧支持。
4.參與中心舉辦課程及通過技術測試。
5.依規定穿著標準，注意儀容。
6.服務時會注意個人衛生，落實洗手。
7.細心觀察案主狀況有無變化。
8.接獲案主稱讚或肯定服務情形、工作態度服務都面帶微笑。
9.無違反工作倫理或工作守則。
10.突發狀況能即時反應，並與督導討論。
11.能採取有效合宜的溝通方式及措詞，服務時尊重案主感受、個

人習慣。

12.注重團隊合作並與督導和同事維持和諧愉快之關係。

13.能正確使用各種輔具並注意案主安全。

(三)其他項目

1.協助代班或開發新案或介紹新人。

2.進修相關專業知識及技能。

3.協助中心辦理活動。

4.帶領居家實習。

5.分享服務經驗並指導同事技術。

附件4-17爲員工優質服務評核表，評核儀容、態度、服務內容三大項。自費型服務中，有關員工優質服務評核項目。儀容包括保持服裝整潔等，態度包括主動打招呼等，服務內容包括瞭解案主的需求等。

伍、服務需求評估

服務需求評估是簽約前很重要的資料及風險評估，每進一個案子，相對性的產生一個新的服務需求，若沒有在適當的人員配置之下，會產生許多問題。對於自費型的服務，在開拓客戶之前，會先將來電客戶資料，做一個「業務執行進度表」（**表4-5**），不論有無評估或簽約，都會再做一次確認。「需求評估總表」（**表4-6**）中清楚整理出每月評估客戶明細。客戶來源包括轉介、自行開發及口耳相傳之客戶。另外，政府委託民間單位提供居家照顧服務者，依照評鑑及社會局要求，另有不同表單，可參考第三章。

表4-7服務需求評估表中，需填寫服務對象基本資料，性別、通訊地址、聯絡電話、年齡、交通方式、宗教信仰、緊急聯絡人等資料。

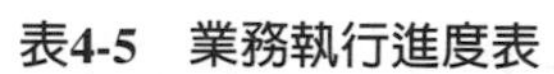

表4-5　業務執行進度表

No.	日期	聯絡人	電話	案主	服務時間	服務內容及案主狀況	地址
1							
備註	1.需求評估時間： 2.成交狀況： 3.其他狀況說明：						

表4-6　需求評估總表

No.	評估日期	評估表編號	客戶（聯絡人）	電話	服務對象	是否成交	地區
1							
2							
3							

表4-7　服務需求評估表

<table>
<tr><td colspan="4">客戶基本資料

客戶編號________
評估人員________　　　　評估日期___年___月___日</td></tr>
<tr><td>服務對象</td><td>性別　□男　□女</td><td colspan="2">生日　　年　　月　　日</td></tr>
<tr><td colspan="2">通訊地址</td><td>年齡　歲</td><td>家</td></tr>
<tr><td colspan="2">交通方式_____捷運站出口____公車____號到_____站</td><td>聯絡電話</td><td>手機</td></tr>
<tr><td>以往職業　□軍□工□教□商□其他</td><td colspan="3">習慣用語　□國□台□客□日□粵□語障□其他</td></tr>
<tr><td colspan="2">學歷　□小學（含以下）□國中□高中□大專院校□研究所以上</td><td>身高
公分</td><td>體重
公斤</td></tr>
<tr><td colspan="3">宗教信仰　□民間信仰□佛教□道教□一貫道□天主教□基督教</td><td></td></tr>
<tr><td>客戶姓名</td><td>性別　□男　□女</td><td>年齡
歲</td><td>與服務對象關係</td></tr>
</table>

日常生活習慣與興趣中，午睡習慣、運動習慣、生活興趣是主要要填寫的地方，飲食種類則分爲一般、細碎、軟食、流質、管灌。若爲配方餐則記錄管灌每日幾瓶，管灌時間爲幾點。飲食禁忌要注意，是否不吃牛肉或豬肉或爲素食。

客戶環境與設備中，環境相關家電及清潔所需工具有哪些，是否足夠用來做家事服務。身體照顧相關的血壓計、耳溫槍等，並注意基本生命測量數值記錄處。其他例如外出相關設備、無障礙設施、空調設備等，也要註記。

客戶健康狀況的部分，要注意意識、視力、聽力、語言、理解能力，是否使用呼吸器、是否有傳染疾病，若有慢性疾病，請詳述病名。若有重大手術者，請詳述手術名。身體是否有留置管路，例如尿管、鼻胃管、氣切管、人造肛門、胃造廔口、其他引流管。皮膚狀況是否正常，特別是臥床案主，是否有壓瘡。進食方式是由口進食、鼻胃管進食、胃造廔口等。

若有回診就醫，詳述回診醫院及科別，若有兩家以上，仍要註記，但要註明若有緊急送醫時，要先送哪一家醫院。有無服藥情況，服藥時間於早、中、晚、睡前何時給藥，還有是飯前、飯中、飯後給藥。

服藥情況	□有　□無					
服藥時間	早	中	晚	睡前	固定時間	需要時間
飯前						
飯中						
飯後						

服務項目表裡，照顧服務包括關懷陪伴、沐浴清潔、排泄協助、個人清潔及盥洗、翻身拍背、協助進食、協助服藥、協助輔具使用及移位、測量血壓，還有其他項目，說明如下：

1.淋浴、擦澡、扶持入浴、洗臉、刷牙、修剪指甲。

2.協助進食、餵食、灌食。

3.拍背、翻身、扶持上下床、輪椅協助、穿背部支架、穿護腰。

4.血壓測量並記錄。

5.餵藥、提醒服藥。

6.排泄清理。

身心健康促進服務方面，有被動關節活動、簡易活動、認知訓練活動、陪同散步、陪同復健等。生活上的服務，有事務聯繫。家務協助、買菜、膳食協助、洗衣物並晾乾、買生活用品、掛號、讀書報、代領藥品、協助煮食、打掃。

陸、服務契約簽訂

服務契約書之簽訂，主要在建立客戶檔案用，內容除甲乙雙方基本資料外，緊急聯絡人姓名、電話、關係是最爲重要的，一定要填寫。欲終止契約時，應於至少於規定日前通知對方，並依規定辦理終止契約，以保護服務員之工作權及穩定其收入。收費標準與給付方式爲計算收費的依據，應確認後再正確填寫。以下提供範本之簡單文字敘述，讓新進督導更瞭解服務合約簽訂之內容概況。

服務契約書

______________辦理自費型居家照顧服務（以下稱居家照顧服務），旨在提供居家照顧服務、備餐服務、家事服務及其他專案服務，協助案主家屬抒解長期照顧壓力。________________（以下簡稱甲方）與服務申請者______________（以下簡稱乙方）之權利與義務，經雙方同意訂定本契約條款如下：

第一條　甲乙雙方約定之服務對象 姓名：_______________（以下稱服務對象）

第二條　乙方向甲方申請居家照顧服務後，由甲方派居服督導員做家庭訪視評估並與乙方確定服務項目、服務時數、服務時段及其他相關事項，依本契約之約定時數及項目提供服務。

第三條　服務方式……。

第四條　收費標準與給付方式……。

第五條　乙方發生緊急事件時之緊急聯絡人……。

第六條　乙方於申請及接受服務期間，應詳細說明特殊生理……。

第七條　居家服務提供期間，甲乙雙方應遵守之規定……。

第八條　乙方需提供之用品及應負擔之必要費用……。

第九條　乙方若有下列情況之一者，甲方得立即辦理暫停服務：……。

第十條　乙方若有下列情形之一者，甲方得終止服務：……。

第十一條　除本契約另有規定外，甲、乙任何一方欲終止契約時，應於至少7日前通知對方，並依規定辦理終止契約。

第十二條　本委託服務有效期間：自簽約日起至結案日止。

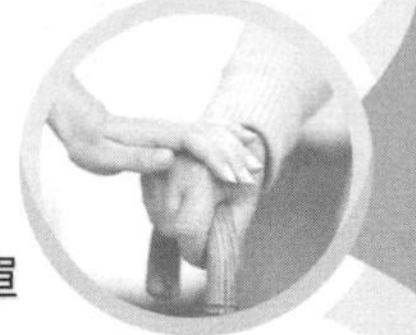

第十三條 乙方於服務期間有本契約上之任何問題，應逕向甲方提出申訴。

第十四條 甲、乙雙方應遵守本契約約定之內容……。

第十五條 因契約書所生之一切爭議，甲、乙雙方應本誠信原則協商解決……。

第十六條 本契約書一式二份，審閱期間至少5日，分由甲、乙雙方各執一份為憑。……

立契約書人：

甲方：

負責人：

統一編號：

機構地址：

電話：

乙方：

身分證字號：

住址：

電話：

年 月 日

柒、家庭訪問記錄表單

依照下方的家訪流程表，督導配合家訪記錄表，完成每次家庭訪問及居家服務員之輔導工作，同時完成滿意度調查及服務優缺點。家訪流程如下列各項內容所示：

1.設定家訪客戶。

2.設定家訪日期及時間。

3.通知服務員。

4.通知客戶電話通知或簡訊。

5.確定家訪時間。

6.家訪前準備。

7.家訪後將家訪記錄表歸檔。

表4-8家訪記錄表裡，填寫案主姓名及基本資料外，確認服務項目是否有更動或按照服務約定執行狀況。家訪的同時，可以詢問案主或客戶，中心服務員之服務態度、服務出勤狀況、有無意見反映、服務滿意度。請個案確認已瞭解服務意見反映管道後，在家訪記錄表簽名。

社會心理評估與處遇方面，簡單勾選生理健康狀況、心靈安適狀況、社會互動及支持系統方面是否良好。若有改善計畫或處遇計畫，可在空白處填寫，再回報給主管。有遇到服務使用狀況需更改的狀況時，先註明及勾選後，呈報給主管後處理。

捌、結案表單

客戶服務完成確認單（**表4-9**）可以使用在服務暫停日或服務合約到期日，主要用於服務內容、物品交還、物品歸位，特別是有鑰匙或零用金需要交接時。另外需填寫結案報告，並做成總表留存紀錄。

表4-8 家訪記錄表

案主姓名		受訪對象	□客戶 □案主 □其他
地址			
日期		聯絡電話	
交付案主物品：□月刊 □發票 □其他______			
服務使用狀況	服務項目 1.執行狀況 □皆執行 □部分執行 □超過項目 2.需求符合 □是，維持原服務 □否，修改服務內容	□一、服務內容 □1.照顧服務： 說明：______ □2.家事服務 說明：______ □3.備餐服務： 說明______ □4.其他： 說明：______ □二、工作時間及收費 □1.工作時間修改為______ □2.費用更改為______	
	服務員姓名		
	服務態度	□非常好 □好 □尚可 □不好 □非常不好	
	服務出勤	□非常好 □好 □尚可 □不好 □非常不好	
	意見反映	□無 □有，______ ※請確認個案已瞭解服務意見反映管道 □是，案主已瞭解 簽名：	
	服務滿意度	□非常好 □好 □尚可 □不好 □非常不好	
社會心理評估與處遇	生理健康狀況	□良好 □平穩 □尚可 □欠佳 □無法評估 說明：	
	心靈安適狀況	□良好 □平穩 □尚可 □欠佳 □無法評估 說明：	
	社會互動／支持系統	□良好 □平穩 □尚可 □欠佳 □無法評估 說明：	
	改善計畫／處遇計畫		
	其他情形	□無 □有 說明：	

資料來源：伊甸基金會迦勒居家照顧服務中心。

表4-9　客戶服務完成確認單

客戶服務完成確認單

親愛的客戶，平安！

感謝您在這段時間，選擇本中心所提供之服務，我們經雙方同意本日是服務合約到期日，為了確保我們的服務工作完善性，請您於今日工作結束前，會同服務員，確認各項服務是否已完成並交還委託物品，以確保您的權益。煩請您簽名後，將本單交督導，再次謝謝您在這段時間給予我們服務的機會，感恩！祝福您平安喜樂。

項目	內容	內容說明	完成確認	備註（本欄視實際狀況自由增加）
1	服務內容		□完成 □未完成	服務交接……
2	物品交還		□完成 □未完成	鑰匙、代購物品費用等……
3	物品歸位		□完成 □未完成	碗筷……
4	其他		□完成 □未完成	

資料來源：伊甸基金會迦勒居家照顧服務中心。

玖、客戶管理表單

客戶接洽流程中，最重要的兩個表單分別是「業務執行進度表」和「服務需求評估表」。成交後要完成客戶管理單、客戶資料動態月報表、客戶記錄表。一直到結案，每月都要用工作記錄表裡的滿意度調查，做成中心整體滿意度表。客戶接洽流程項目如下：

1.業務執行進度表（簡單填寫案主姓名、聯絡方式、服務需求等）。

2.服務需求評估表。

3.服務契約書。

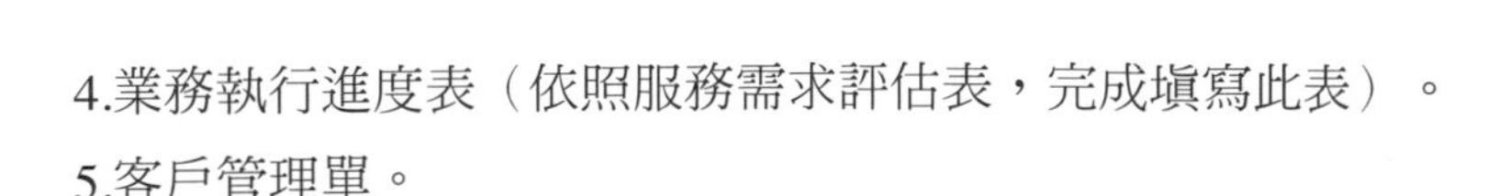

4.業務執行進度表（依照服務需求評估表，完成塡寫此表）。

5.客戶管理單。

拾、其他督導工作表單

其他督導工作表單還包括督導助理工作所使用的表單，和其他督導工作表單。督導助理或行政人員會在工作時，協助督導完成工作。督導助理工作如**表4-10**所示，此表爲某助理完成當月份工作後之紀錄。

一、督導助理工作

督導分別處理不同的行政表單及業務、行政及評估。每位督導助理各司其職，共同協助督導，一起達成單位工作目標。依照**表4-10**之督導助理工作，可以看出每位之工作職責。

表4-10　督導助理工作

督導助理姓名：

No.	時間	工作內容	表單
1	月初	□計算服務員薪資 □客戶紀錄 □服務員工作紀錄 □新客戶資料建檔上傳雲端 □協助會議記錄，需求評估	
2	月中	□需求評估 □準備教育訓練	
3	月底	□打月檢討報告 □助理工作記錄 □估算服務員工作天數及費用 □寄送月刊 □滿意度調查表	
4	其他	□新進員工工作守則更新	

二、督導其他工作表單

請假單、服務員工作紀錄（**表4-11**）、班表（**表4-12**）也是督導工作中會使用到的表單。

(一)服務員工作紀錄

表4-11　服務員工作紀錄

No.	同工編號	姓名／電話	工作紀錄	天數／費用	狀況回報
1					
2					
3					
4					
5					

(二)班表

表4-12　班表

星期	一	二	三	四	五	六	日
日期							
早上							
下午							
晚上							

(三)輔具評估（流體力學輪椅座墊、輪椅氣座墊為例）

1.受評者基本資料：

編號／身分證字號		姓名		性別	□男 □女
出生日期		身分別	□一般 □中低收入戶 □身心障礙者		
戶籍地					
現居地	□同戶籍地 □				
主要診斷	□中風 □脊髓損傷 □小兒麻痺 □肌萎症 □植物人 □失智症 □腦性麻痺 □罕病 □其他				
障別	□多重障（□極重□重□中□輕度）含以下障礙 □肢障（□極重□重□中□輕度） □失智（□極重□重□中□輕度） □其他＿＿＿＿＿＿＿＿（□極重□重□中□輕度） □植物人				

2.身體功能檢查：

(1)意識狀態：正常、嗜睡或昏迷。

(2)認知功能：正常、障礙或無法施測。

(3)感覺功能：正常、障礙或無法施測。

(4)目前體力狀態：良好或不佳。

(5)體力可能進展：維持、進步或退化。

(6)坐姿平衡能力：正常或障礙。

3.生理功能評估（含褥瘡危機評估）：翻身能力、姿勢調整能力、認知功能，坐起能力是完全獨立、需部分協助，還是完全依賴。且確認關節活動度受限部位爲頭頸、軀幹或四肢。感覺功能正常或異常，或是喪失無法施測。有無褥瘡病史及目前皮膚狀況爲正常或異常，若已發生褥瘡，部位爲：

(1)皮膚完整沒有破損，有持續不退的紅斑印。

(2)皮膚有水泡或紅疹且傷到眞皮層。

(3)皮膚層全部受傷並深到皮下組織或脂肪。

(4)深及肌膜、肌肉，甚至深及骨頭。

4.流體力學輪椅座墊、輪椅氣座墊需求評估：評估需要與否、建議廠牌或型號，以及座墊用途、座墊材質、座墊形式、座墊規格、座墊配件、座墊功能。

5.流體壓力床墊、氣床墊需求評估：包括需求、床墊類型。

6.特製輪椅需求評估：人體測量及輪椅尺寸建議時，除了身高、體重之外，測量部位爲臀部兩側最寬處、肩寬、膝彎到臀部背側、肩胛骨底到座前、肩高、手肘關節到座面、腳跟底到膝彎處。輪椅尺寸包含座寬、使用背墊深、座深、使用座墊高、椅背高、扶手高。身體功能評估項目體力狀態、姿勢控制、坐姿姿態，體力狀態良好或不佳，有無姿勢性低血壓及體力持續退化。姿勢控制正常或異常，有無張力異常或知覺障礙。坐姿姿態正常或異常，頭頸、骨盆、脊柱、髖關節、膝關節、踝關節之姿勢呈現，特製輪椅形式之建議。

7.特製輪椅規格：產品椅背可躺、空中傾倒型或其他特殊規格。

8.申購情形：購買情況、合宜不須任何修改、大致合宜且已現場示範與衛教，或不合宜須修正。

第二節　服務工作表單範例

服務工作表除了督導用之外，與服務員相關的表單至少有三種，包括簽到表、工作記錄表、班表，用來計算薪資及記錄工作用。

壹、服務員工作表單

一、簽到表

簽到表（**表4-13**）用於代替打卡作用及計算薪資用。上午下班時間和下午上班時間之間，一定要間隔至少30分鐘以上，一天工作超過8小時之後，就算加班，前兩個小時以1.34倍計算薪資，後兩個小時以1.67倍計算薪資。客戶可以每日簽名，或補簽。

表4-13 簽到表

編號	姓名	日期	上午上班時間		下午上班時間		加班上下班時間		客戶簽名
			上班時間	下班時間	上班時間	下班時間	上班時間	下班時間	
週時數總計									

二、工作記錄表

工作記錄表包括工作服務內容（**表4-14**）、身心靈健康評估表（**表4-15**）、基本生命徵象測量與記錄表（**表4-16**）。

表4-14　工作服務內容

日期	服務內容	其他事項
1	□家事清潔 □三餐煮飯 □照顧服務 □沐浴 □運動	
2	□家事清潔 □三餐煮飯 □照顧服務 □沐浴 □運動	
3	□家事清潔 □三餐煮飯 □照顧服務 □沐浴 □運動	
4	□家事清潔 □三餐煮飯 □照顧服務 □沐浴 □運動	
5	□家事清潔 □三餐煮飯 □照顧服務 □沐浴 □運動	
6	□家事清潔 □三餐煮飯 □照顧服務 □沐浴 □運動	
7	□家事清潔 □三餐煮飯 □照顧服務 □沐浴 □運動	
8	□家事清潔 □三餐煮飯 □照顧服務 □沐浴 □運動	
9	□家事清潔 □三餐煮飯 □照顧服務 □沐浴 □運動	
10	□家事清潔 □三餐煮飯 □照顧服務 □沐浴 □運動	
11	□家事清潔 □三餐煮飯 □照顧服務 □沐浴 □運動	
12	□家事清潔 □三餐煮飯 □照顧服務 □沐浴 □運動	
13	□家事清潔 □三餐煮飯 □照顧服務 □沐浴 □運動	
14	□家事清潔 □三餐煮飯 □照顧服務 □沐浴 □運動	
15	□家事清潔 □三餐煮飯 □照顧服務 □沐浴 □運動	
16	□家事清潔 □三餐煮飯 □照顧服務 □沐浴 □運動	
17	□家事清潔 □三餐煮飯 □照顧服務 □沐浴 □運動	
18	□家事清潔 □三餐煮飯 □照顧服務 □沐浴 □運動	
19	□家事清潔 □三餐煮飯 □照顧服務 □沐浴 □運動	
20	□家事清潔 □三餐煮飯 □照顧服務 □沐浴 □運動	
21	□家事清潔 □三餐煮飯 □照顧服務 □沐浴 □運動	
22	□家事清潔 □三餐煮飯 □照顧服務 □沐浴 □運動	
23	□家事清潔 □三餐煮飯 □照顧服務 □沐浴 □運動	
24	□家事清潔 □三餐煮飯 □照顧服務 □沐浴 □運動	
25	□家事清潔 □三餐煮飯 □照顧服務 □沐浴 □運動	
26	□家事清潔 □三餐煮飯 □照顧服務 □沐浴 □運動	
27	□家事清潔 □三餐煮飯 □照顧服務 □沐浴 □運動	
28	□家事清潔 □三餐煮飯 □照顧服務 □沐浴 □運動	
29	□家事清潔 □三餐煮飯 □照顧服務 □沐浴 □運動	
30	□家事清潔 □三餐煮飯 □照顧服務 □沐浴 □運動	
31	□家事清潔 □三餐煮飯 □照顧服務 □沐浴 □運動	

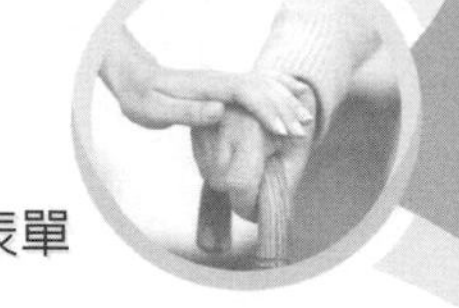

表4-15 身心靈健康評估表

日期	身心靈健康評估
1	□到戶外散步 □與朋友互動 □身體狀況好 □心情好 □有靈修活動
2	□到戶外散步 □與朋友互動 □身體狀況好 □心情好 □有靈修活動
3	□到戶外散步 □與朋友互動 □身體狀況好 □心情好 □有靈修活動
4	□到戶外散步 □與朋友互動 □身體狀況好 □心情好 □有靈修活動
5	□到戶外散步 □與朋友互動 □身體狀況好 □心情好 □有靈修活動
6	□到戶外散步 □與朋友互動 □身體狀況好 □心情好 □有靈修活動
7	□到戶外散步 □與朋友互動 □身體狀況好 □心情好 □有靈修活動
8	□到戶外散步 □與朋友互動 □身體狀況好 □心情好 □有靈修活動
9	□到戶外散步 □與朋友互動 □身體狀況好 □心情好 □有靈修活動
10	□到戶外散步 □與朋友互動 □身體狀況好 □心情好 □有靈修活動
11	□到戶外散步 □與朋友互動 □身體狀況好 □心情好 □有靈修活動
12	□到戶外散步 □與朋友互動 □身體狀況好 □心情好 □有靈修活動
13	□到戶外散步 □與朋友互動 □身體狀況好 □心情好 □有靈修活動
14	□到戶外散步 □與朋友互動 □身體狀況好 □心情好 □有靈修活動
15	□到戶外散步 □與朋友互動 □身體狀況好 □心情好 □有靈修活動
16	□到戶外散步 □與朋友互動 □身體狀況好 □心情好 □有靈修活動
17	□到戶外散步 □與朋友互動 □身體狀況好 □心情好 □有靈修活動
18	□到戶外散步 □與朋友互動 □身體狀況好 □心情好 □有靈修活動
19	□到戶外散步 □與朋友互動 □身體狀況好 □心情好 □有靈修活動
20	□到戶外散步 □與朋友互動 □身體狀況好 □心情好 □有靈修活動
21	□到戶外散步 □與朋友互動 □身體狀況好 □心情好 □有靈修活動
22	□到戶外散步 □與朋友互動 □身體狀況好 □心情好 □有靈修活動
23	□到戶外散步 □與朋友互動 □身體狀況好 □心情好 □有靈修活動
24	□到戶外散步 □與朋友互動 □身體狀況好 □心情好 □有靈修活動
25	□到戶外散步 □與朋友互動 □身體狀況好 □心情好 □有靈修活動
26	□到戶外散步 □與朋友互動 □身體狀況好 □心情好 □有靈修活動
27	□到戶外散步 □與朋友互動 □身體狀況好 □心情好 □有靈修活動
28	□到戶外散步 □與朋友互動 □身體狀況好 □心情好 □有靈修活動
29	□到戶外散步 □與朋友互動 □身體狀況好 □心情好 □有靈修活動
30	□到戶外散步 □與朋友互動 □身體狀況好 □心情好 □有靈修活動
31	□到戶外散步 □與朋友互動 □身體狀況好 □心情好 □有靈修活動

表4-16　基本生命徵象測量與記錄表

基本生命徵象測量與記錄表									
日期	時間	血壓	脈搏	血氧	體溫	排便	輸出	輸入	備註
1									
2									
3									
4									
5									
6									
7									
8									
9									
10									
11									
12									
13									
14									
15									
16									
17									
18									
19									
20									
21									
22									
23									
24									
25									
26									
27									
28									
29									
30									
31									

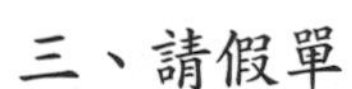

三、請假單

請假單（**表4-17**）的重要性在於讓服務員更重視工作安排，以及瞭解服務空缺所產生的問題。

表4-17　請假單

單位			
同工編號		姓名	
請假日期	自　年　月　日　時　分起 至　年　月　日　時　分止		
事由： 請說明：			

填表人：＿＿＿＿＿＿　主管：＿＿＿＿＿＿

貳、督導工作檢討

月檢討報告與改善計畫，是督導與助理每月需完成的工作之一。從月檢討報告可以發現問題，解決問題。

一、月檢討報告與改善計畫

表4-18為月檢討報告與改善計畫，檢討報告裡呈現督導在工作上的問題，再由督導與主管溝通後，找出改善計畫方向，再重新檢視及執行。

表4-18　月檢討報告與改善計畫

No.	檢討報告	改善計畫
1	年度最後一個月，營業額的部分，因任用人員增加，相對在工作分配上，會有案件不足的部分	增加案件數
2	就業徵才的部分，合用人數有增加的趨勢	需要在新人的訓練及工作安排上，多下功夫，協助穩定就業
3	年底需再將各項工作，做進一步整合	以期能建置下年度檔案
4	居服督導助理工作需再細分及安排	督導助理工作需再做分配及整合
5	陸陸續續有新進員工，在應徵面試時都說會，可以，但面對案主時，卻說她不可以，或不服務此項目，例如：用手洗貼身衣物	希望在面試通過時，要有學科的基本測驗，與一些居服員基本的知識，給予及格分數，在術科方面，也要有實作的分數考核，每個新人去個案家服務，代表的就是服務單位，希望能有一些基本知識與一定的水準在，避免給人不好的印象
6	月檢討報告、工作紀錄未按時繳交	提早寫月檢討告、工作紀錄，並在月初之前繳交
7	到案家做需求評估，遇到不知道如何處理的情況時（家屬請人的時間不固定，因為有經濟上的考量），在沒有將需求評估表填寫完整，就直接離開，導致評估案件時的困擾	家屬沒辦法確定需要請人的時間，也要先將需求評估表完成，之後他會再跟家屬討論時間的部分。以後出去評估，都需將需求評估完成並帶回來做人力、時間等等的安排
8	在行政上，去想想自己除了可以填個案資料外，還能再做什麼事情，且瞭解在行政上方面哪裡可以做些改善	學著詢問自己能做的部分，不會的盡力去學，該問的就問，另外可以多去學習相關技能，例如：Excel使用方式、各方面文書處理
9	教育訓練部分還是需注意小細節，像是訂餐及用餐地點的規劃	教育訓練自己提早詢問主管，確定後直接去訂並注意取得餐盒時間，才可以讓學員提早用餐
10	服務員實習因為太多私人問題而影響	個人問題要自己解決，不應該因為這樣而忽視工作
11	常常忘記月初、月中、月底該做什麼事	用一本本子將自己每個月固定該做的事情記錄下來，再記錄每次的工作內容。提前排定好下個月工作內容並給主管指導。自己的時間要分配規劃好，並且以文字方式書寫出來
12	加班時因一例一休，需注意加班一小時需給四小時費用的問題	已經開會討論並注意排班表

（續）表4-18 月檢討報告與改善計畫

No.	檢討報告	改善計畫
13	要自己隨時回報督導工作進度，不要等主管開口才開始做	自己要做好記錄及提醒
14	新人的篩選十分重要，在帶領上有下一些功夫，包括費用的補貼，職前的教育訓練，採取1對1進行	新人之帶領，一開始皆由督導帶，等新人上線穩定後，才交給助理
15	星期六日的薪資計算方式亦有調整，在人力安排上，仍需要助理	薪資的計算方式，已經於教育訓練時，由主管及助理佈達相關訊息
16	新進人員，每個人的專業領域認同認知不同，造成有些新個案無法順利簽約或勝任新個案，因此有些人員的班就比較少、影響到整個團體的業績	希望新進人員能上一些職前訓練，在一些基本的認知上能夠具備。備餐方面要明確的知道如何煮食
17	新個案面試時，新進服務員能盡量少發表個人意見	面試前都有事先告知，盡量少發問，有問題等離開個案家再說
18	在與新人說話時表達不夠明確清楚	會注意新人是否清楚瞭解
19	結算費用的部分，請款的費用錯誤，造成家屬的不滿	在結算費用的地方，應再三確認過再跟家屬請款，以免造成家屬的不滿
20	需求評估的時候，跟家屬報價時，沒有跟主管確認費用的變動，造成之後報價上的困擾	確認已經調整過費用再報價
21	重複做了其他行政人員上個禮拜所更新的表單，像是客戶記錄單	請假過後，要跟其他的助理確認什麼有做過，什麼還沒做過，才不會重複做同樣的工作，浪費時間
22	教育訓練沒有事先確認好攝影機的電池有沒有電，已至於拍攝到一半的時候，攝影機沒電了	在教育訓練的前一個禮拜，就要先確認好攝影機的電池是否充滿電
23	教育訓練的講義及人數確認錯誤，未做到某服務員的名牌及講義	要做兩次確認以免同樣的事發生
24	教育訓練宣達事情時，因對內容不熟悉導致宣達內容不完整	提前向主管詢問內容，可以記錄下來
25	沒有將作業流程做確實，什麼時候要做什麼沒完全想好並落實	將所設計之活動在下一次照顧上做落實動作，失敗也沒關係，嘗試後才能知道是否適合此活動內容
26	行政事務上目前還沒有完全熟悉內部作業流程	實際操作最重要，行政上事物可自己做一份SOP流程，以便自己瞭解
27	因為過年的關係，確實在營收上有很大的壓力，但是在服務員的努力之下，團隊還是達成了目標	每月需積極達到目標。但春節、春假月份，或法規改變時，會影響達成率，跟主管報備後，調整當月目標達成率

（續）表4-18　月檢討報告與改善計畫

No.	檢討報告	改善計畫
28	預計要進用的新人，因為個人因素，無法進用	因過年之故，會有一些變動
29	工作量會增加，個人需做好時間管理及分配	做好時間管理，在報表工作及書籍書寫上，可以按照進度完成
30	服務員感冒時，需請假在家休息。但會影響到服務員本身在個案家服務的天數，收入減少	每個服務員跟個案本身都是重要的，他們的平安、順利，組織才能更成長、更壯大。若經費足夠希望也能購買口罩、手套給服務員使用
31	有一些表單像是新客戶資料更新的表單裡面，有需要用填寫表單的方式將客戶歸檔，但是這些表單在上個月有重複做工作的情形發生	將該歸檔的檔案、該更新的資料同步上傳到雲端上，即可避免重複做同樣工作的情形發生，也方便主管及其他助理核對資料
32	忘記告知家屬六、日的費用跟平日的費用不同	作需求評估簽約時，家屬告知需要服務的時間是禮拜一到六，以後要記得告知家屬收費的計算方式
33	行政事務上還沒有完全記住內部作業流程，常常需反覆提問	提前向主管或督導詢問內容，可以用手記記錄下來，實際操作最重要，行政上事物可自己做一份SOP流程，以便自己瞭解。訂出目前負責工作範圍，核對是否有遺漏之項目，並且確認工作是否無誤
34	覺得無法有足夠時間服務	做好時間管理，多與主管討論
35	教育訓練時間的掌控	可用舉牌方式，事先先與講師說明
36	暑期實習生的工作回報訓練	督導訓練時，可以在工作前說明，在執行中再次提醒

二、居服員輔導紀錄

居服員在工作執行上，會有需要溝通及輔導的地方，因此，輔導紀錄顯得格外重要。另外，在每月家庭訪問時，也會詢問滿意度及工作紀錄中，也有滿意度的部分，可以看出服務的優點及缺點。

表4-19爲服務員輔導改善紀錄，將服務員在服務過程中所呈現的問題，以及輔導後改善狀況，加以分析記錄。

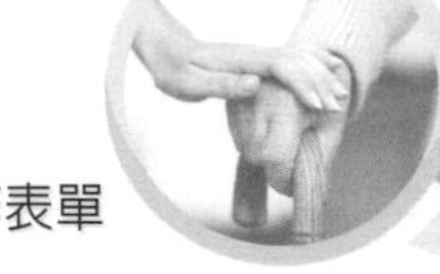

表4-19 服務員輔導改善紀錄

No.	所呈現的問題	輔導後改善狀況
1	外籍照顧員照顧時，牙齒刷不乾淨引起牙痛	請服務員多注意案主本身的日常生活清潔
2	服務員做事易急躁，固執，會與案主因溝通不良而造成誤解	告知案主服務員本性善良，也告訴服務員做事穩健會更好
3	案主最近走路比較無力，腳出現退化現象	建議服務員帶案主在室內多走動，但要在旁邊注意安全，預防跌倒
4	服務員發現案主胯下有嚴重尿布疹，請家屬帶案主就醫、擦藥，但觀察數日並未見狀況改善	督導已到案主家關心瞭解，看過尿布疹的情況已經改善很多
5	案主要求做按摩，造成服務員很大的壓力	督導到案主家清楚說明按摩並非工作內容，家屬也同意並接受用被動運動替代按摩動作。服務員在督導家訪將事情解決後，工作更有信心跟動力
6	服務員習慣拿乾抹布擦拭碗盤，餐具等	已告知抹布有很多細菌，要區分哪一條擦桌子，哪一條擦盤子，有些案主家，碗盤放烘碗機烘乾即可。視案主的需求而做清潔服務
7	服務員會在上班前幫案主買東西	因非上班時間，應盡量避免，但是服務員認為是發自內心多服務，若是買菜，應屬工作時間
8	非上班時間內幫案主購物	告知服務員必須在上班時間內幫案主購物，以免有職災狀況（事故）而無法認定理賠
9	新進服務員對薪資福利有疑慮	在任用前應告知其薪資福利，包括薪資、年度福利、勞健保、勞退、意外險、獎金獎勵等
10	需求評估時，未能清楚瞭解督導所說的時數與收費以致影響業績	日後作評估時要先清楚瞭解最新的時數收費標準及加班計算等
11	收費帳目有誤	班表與時薪的計算方式，要2人以上確認
12	臨時請假	要在一週前告知主管並填請假單
13	手邊沒有行政工作檔案	購買隨身碟給督導及助理，檔案存在隨身碟中，或雲端，需要時可以隨時拿出來討論
14	就業徵才者的詢問，就業者在面試時，告知只要做陪伴的工作，困難的工作不做	我們須告知新進人員必須配合教育訓練做專業技能部分的提升。不會的可以學習，困難是可以克服的

（續）表4-19　服務員輔導改善紀錄

No.	所呈現的問題	輔導後改善狀況
15	服務員向主管抱怨，家屬認定是什麼事都能做，例如爬到窗外擦窗戶	告知家屬要做事情就告訴服務員，但危險的工作不能接
16	過年期間因外籍照顧員清洗不乾淨案主私密處，造成尿道感染住院	請服務員服務時多注意關心案主的個人衛生及健康狀況。請案主多喝水、上廁所
17	幫案主洗澡時因案主不熟悉服務員，心生恐懼，造成四肢僵硬，洗澡時需更多人力	服務員因剛接的新個案，案主對服務員不熟悉造成的緊張，彼此慢慢熟了，狀況就會改善
18	案主說他一直花女兒的錢造成女兒的負擔	鼓勵案主正面思考，家裡有個高齡的父親，是女兒的福氣，下班回家還有父親在，回家才有家的感覺。案主聽了笑笑說對
19	案主希望服務員拖地時拖把能擰乾一點，預防滑倒	已告知服務員把地板擦乾一點，預防滑倒
20	案主感冒咳嗽，家屬沒帶去看醫生，只去藥房買感冒藥水喝	跟服務員說明，我們可以拿給案主吃醫生開的藥，其他的不妥
21	建議個案不要亂服成藥	個案若不接受，就不要再建議個案，自己平常心對待案主即可
22	對於案主家要求煮紅燒魚的烹調有困難度	已經告知服務員紅燒魚的煮法就是加上醬油下去煮，就是紅燒魚，不困難
23	服務員用溫水洗菜，客戶覺得太浪費	跟服務員溝通，洗菜不可用溫水，煮起來不好吃，若沒煮，菜也容易腐壞。經詢問，因天冷所以開了一些溫水並非故意浪費
24	對於居家照顧技巧熟練度不夠，個案有所埋怨	加強居服員在居家照顧管灌的熟練度

三、服務紀錄及問題檢視

服務員的服務紀錄，可以顯示出工作狀態，也可以從中發現問題，進而解決問題，讓服務品質再升級。以下服務員A、B、C的服務紀錄，分別從督導角色看居家服務員、實習學生的觀察紀錄，和外籍看護24小時臥床案主的照顧服務。

(一)服務員A的服務紀錄

從以下服務員A的服務紀錄裡，可以發現她對八小時的服務工作較陌生，備餐的能力較弱，因服務員較年輕。服務員在移動家中任何物品前，一定要先告知案主或家人，避免不必要的誤會。購買食材時，一定要索取收據，記錄當天的購買物及所花費的金額。

1.服務內容：

(1)家事服務：衣物整理、廚房整理、地板清潔、倒垃圾。

(2)膳食準備：午餐及晚餐備餐煮食。

(3)購買用物：買菜、水果、其他食材及調味用品。

2.注意事項：

(1)注重餐食口味。

(2)希望午晚餐準時開飯。

(3)勿亂放物品。

(4)購買食材前會先跟阿公確認想吃的菜色，若阿公回答請我自行決定，先看冰箱的所剩食材，購買欠缺的食材。出發前確認零用金，購買完畢後記錄並確認當天所用金額。

3.事件處理：

(1)第一天阿公對於晚餐的湯，薑的味道太重提出建議。

(2)第二天將其稍微移動用品位置而遭指正。

(二)服務員B的服務紀錄

服務員B是暑期實習生，他的服務紀錄裡，確實觀察紀錄細項的工作內容，對於交接和代班者來說，紀錄越詳細，就越能發揮功效。

案主服務時間表		
時間	內容	注意事項
08:55	到達案主家，先至房間與案主打招呼	爺爺一早會念經，需安靜入門
09:00	協助案主坐起，至浴室盥洗	須隨時扶著案主，避免跌倒
09:05	將案主帶至餐桌吃早餐	早餐有時會在電鍋裡（小碗的，需拿案主的湯匙）
09:10	案主習慣會擦口紅和化妝水	至房間拿取，放置餐桌上，有時已事先擦好化妝水
09:13	案主吃早餐時可至房間整理被子	被子三段式折法（或本身習慣用法）
09:15	案主女兒早上會告知中餐如何料理	順便問女兒中午會不會回來吃
09:25	看一下午餐的食材，先想好處理順序	須把該解凍的食材先解凍
09:30	看案主早餐吃的進度，吃完將早餐的餐具洗淨，詢問有無要洗的衣物	案主吃完早餐需在碗裡倒一點水，讓案主漱口用，有時不用
09:35	看有無衣服要收	需摺好、分類好，案主衣物需放入櫃子
09:40	若有衣物要洗，詢問案主女兒如何處理	襯衫要刷領子、腋下、較髒的部分
09:45	與案主互動	聊天
09:55	掃地	案主房間、餐廳、客廳
10:05	拖地	案主房間、餐廳、客廳
10:15	擦桌子、椅子	須詢問案主抹布是哪一條
10:20	與案主互動	看時間替案主備藥、在客廳走路
10:25	曬衣服	背心需對折曬
10:30	準備午餐食材	先煮飯（需軟一點）、簡單處理食材
10:40	與案主互動	聊天、做簡易運動
11:10	備餐及切水果	少鹽少油為主
11:40	吃中餐	飯勿盛太多，需拿案主的碗筷
11:50	吃完中餐讓案主休息	拿水果給案主吃
11:55	整理餐桌	整理廚房、洗碗（需擦乾放回原處）、收垃圾（兩間廁所、廚房）、資源回收、倒廚餘
12:20	與案主互動	聊天、做簡易運動
12:50	詢問案主想坐客廳或躺床上	帶至該處
13:00	倒垃圾	告知管理員要丟垃圾，門才能打開回收放至B2回收間，垃圾及廚餘在大門左邊
注意事項	有空詢問案主需不需要上廁所，停下手邊工作帶案主去	

(三)服務員C的服務紀錄

服務員C是較年輕服務員，他的服務紀錄裡，以管灌臥床阿媽為例，她是管灌病人，家中有外籍看護工，依照外籍服務員每日在家工作流程如下：

No.	時間	工作項目	內容說明
1	5:30	換尿布、翻身拍背	
2	6:00	反抽、管灌	237cc.腎補鈉+100cc.水
3	6:20	吃藥	+80cc.水
4	7:30	換尿布、翻身拍背	
5	9:30	換尿布、下床	
6	12:00	反抽、管灌	160cc.腎補鈉+100cc.水
7	12:20	吃藥	+80cc.水
8	12:30	上床、換尿布	
9	14:30	換尿布、翻身拍背	
10	15:30	下床	
11	16:00	洗澡或擦澡	
12	18:00	反抽、管灌	160cc.腎補鈉+100cc.水
13	18:20	吃藥	+80cc.水
14	20:30	上床、換尿布	
15	21:00	吃藥	+80cc.水
16	22:00	反抽、管灌	160cc.腎補鈉+100cc.水
17	23:00	換尿布、翻身拍背	
18	24:00	換尿布、翻身拍背	

阿媽吃的是腎補鈉，一天三罐分成四次管灌，管灌清水，夏天100cc.，冬天75cc.。阿媽屁股夾縫處有紅腫破皮現象，有噴粉。反抽的時候，注意抽出的液體，不要超過60cc.，若超過60cc.要隔一個小時再反抽，看是否消化。另外是基本生命徵象測量和輸出量記錄，主要是測血壓、脈搏、體溫和血氧，如**表4-20**所示。觀察見習服務記錄參考**附件4-20**。

表4-20　基本生命徵象測量和輸出量記錄

日期						
時間	血壓 120/80	脈搏 60～100	體溫 37.5	血氧 95	輸出量（尿）	排便（顏色）
5:30						
15:30						
21:00						

參考文獻

陳美蘭（2015）。《老人居家健康照顧手冊》。新北市：揚智文化。

附件4-1　各直轄市及縣（市）政府財力分級表

	各直轄市及縣（市）別	財力分級
1	台北市	第一級
2	新北市	第二級
3	台中市	第二級
4	桃園市	第二級
5	新竹市	第二級
6	台南市	第三級
7	高雄市	第三級
8	新竹縣	第三級
9	基隆市	第三級
10	嘉義市	第三級
11	金門縣	第三級
12	宜蘭縣	第四級
13	彰化縣	第四級
14	南投縣	第四級
15	雲林縣	第四級
16	花蓮縣	第四級
17	苗栗縣	第五級
18	嘉義縣	第五級
19	屏東縣	第五級
20	台東縣	第五級
21	澎湖縣	第五級
22	連江縣	第五級

資料來源：衛生福利部。

附件4-2 長期照顧服務申請書

一、需要服務者基本資料

【打＊為必填欄位，其餘部分可由各縣市自行依需要酌予調整或修改】

＊1.姓名：___________

＊2.出生日期：民國（1.前2.國）____年____月____日

＊3.國民身分證統一編號：___________

＊4.電話：___________

＊5.是否為山地原住民：□0.否 □1.是

＊6.性別：□(1)男 □(2)女

＊7.目前之居住狀況：□(1)獨居 □(2)固定與他人同住 □(3)輪流與他人同住 □(4)其他

＊8.通訊地址：_______縣／市_______市／鄉／鎮_______區_______村／里_______鄰_______路／街_______段_______巷_______弄_______號_______樓

9.戶籍地址：□同上
_______縣／市_______市／鄉／鎮_______區_______村／里_______鄰_______路／街_______段_______巷_______弄_______號_______樓

10.常用語言：_______

11.目前是否領有身心障礙者手冊：□(1)否 □(2)是，障別：_______
障礙程度：□(1)極重度 □(2)重度 □(3)中度 □(4)輕度

12.社會福利身分別：□(1)一般戶老人 □(2)中低收入老人 □(3)低收入戶老人 □(4)一般戶身心障礙者 □(5)中低收入身心障礙者 □(6)低收入戶身心障礙者 □(7)其他

13.目前是否領有政府提供之其他照顧補助費用：□(1)否 □(2)是_______

14.目前是否就業中：□(1)是 □(2)否，□有就業意願 □無就業意願

15.目前是否住在機構：□(1)否 □(2)是_______

16.目前是否在最近三個月內有住院（含急診經驗）：□(1)否 □(2)是，住院原因：_______

17.目前是否聘請看護幫忙照顧：□(1)否 □(2)是（□17a.本籍 □17b.外籍） □(3)申請中（□17c.本籍 □17d.外籍）

18.是否罹患疾病：□(1)否 □(2)是，疾病名稱：_____________

19.欲申請服務種類：

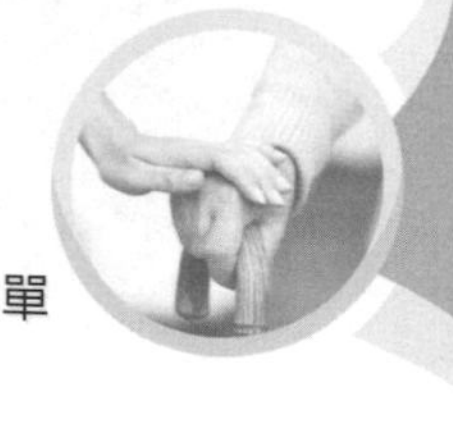

□1.居家服務 □2.日間照顧 □3.家庭托顧 □4.居家喘息服務 □5.機構喘息服務 □6.居家護理 □7.居家職能治療 □8.居家物理治療 □9.社區職能治療 □10.社區物理治療 □11.輔具購買、租借及居家無障礙環境改善 □12.老人營養餐飲服務 □13.交通接送服務 □14.機構服務 □15.密集性照護 □16.其他

*二、代理人基本資料

1.姓名：________ 2.國民身分證統一編號：________
3.電話：(H)________ (O)________手機________
4.與需要服務者的關係或身分：________
5.通訊地址：________縣／市________市／鄉／鎮________區________村／里________鄰________路／街________段________巷________弄________號________樓

*三、主要聯絡人資料

1.姓名：________
2.電話：(H)________ (O)________手機________
3.與需要服務者的關係或身分：________
4.通訊地址：________縣／市________市／鄉／鎮________區________村／里________鄰________路／街________段________巷________弄________號________樓

◎最後煩請您再詳細檢視上述所填之資料是否完全屬實；如經查證以詐欺或其他不正當行為或虛偽之證明申請補助費用者，應負一切法律責任，並返還已支付之服務補助經費。

申請人（或代理人）簽名：________________

是否符合收案條件：□1.符合
□2.不符合，原因：________________
□3.其他

受理申請單位： 承辦人：
電話： 傳真：
備註：

資料來源：衛生福利部。

附件4-3 照顧工作表

個案姓名：		性別：	身分證字號：	身分別：
服務等級：		給付額度： 元	服務時數： 小時	
起始日期： 年 月 日				
照顧服務單位：		居家服務督導：	照顧服務員：	

日	1	2	3	4	5	6	7	8	9	10	11	12	13	14	15	16
白日																
夜間																

日	17	18	19	20	21	22	23	24	25	26	27	28	29	30	31
白日															
夜間															

填表說明：請依時段填寫服務代碼；服務代碼請參考「照顧服務項目及代碼」

資料來源：社會福利部。

附件4-4 照顧服務代碼及服務項目——身體照顧服務

服務代碼	服務項目	備註
AA01	協助進食	
AA02	協助沐浴、個人身體清潔（含經期處理）	
AA03	協助盥洗、口腔清潔	
AA04	協助換穿衣服	
AA05	協助甘油球通便	須接受特殊訓練課程後方可執行
AA06	協助如廁、大小便處理與清潔	
AA07	協助移位（平行）	
AA08	協助上下床	
AA09	協助行走	
AA10	協助上下樓梯	
AA11	簡易被動式肢體關節活動	
AA12	協助使用日常生活輔助器具	
AA13	維護安全	
AA14	協助翻身、擺位	擺位包括舒適器具（如不同形狀的枕頭等）的輔助使用
AA15	協助拍背	
AA16	協助服藥	
AA17	協助依照藥袋指示協助置入藥盒	須接受特殊訓練課程後方可執行
AA18	協助管路清潔	須接受特殊訓練課程後方可執行
AA19	使用簡便之攜帶式血糖機驗血糖	須接受特殊訓練課程後方可執行
AA20	傷口分泌物簡易照顧處理	須接受特殊訓練課程後方可執行
AA21	協助執行與身體照顧有關之專業服務介入（不動症候群照護等）	1.個案須被核定給付專業服務介入 2.專業服務提供者提供專業服務時，居家服務提供者同行，且於專業服務提供期間配合執行專業服務中之身體照顧服務

資料來源：社會福利部。

附件4-5　照顧服務代碼及服務項目——日常生活照顧及家事服務

服務代碼	服務項目	備註
AB01	備餐服務	
AB02	換洗衣物之洗滌與修補	
AB03	服務對象生活起居空間環境清潔	服務範圍限定於經核定給付之服務對象生活起居所活動的區域，不限制獨居與否
AB04	文書服務——協助預約就醫掛號	
AB05	文書服務——聯絡醫療機構	
AB06	文書服務——讀紙本或電子新聞或書信	
AB07	文書服務——協助郵寄	
AB08	代購或代領物品（藥品、補助品、郵件、書籍等）	
AB09	陪同外出服務——陪同就醫	
AB10	陪同外出服務——陪同社交活動	
AB11	陪同外出服務——陪同參與宗教活動	
AB12	陪同外出服務——陪同辦理事務	
AB13	陪同外出服務——陪同外出用餐	
AB14	陪同外出服務——陪同購物	
AB15	陪同外出服務——陪同散步	
AB16	陪同外出服務——陪同上下學	
AB17	陪同運動	
AB18	清潔餐具	
AB19	更換床單、衣物床單等送洗	
AB20	指導家事處理等方法	
AB21	協助活動參與（大腦認知活動、懷舊活動、團體文康活動等）	
AB22	協助執行與日常生活有關之專業服務介入（自我照顧能力訓練等）	1.個案須被核定給付專業服務介入 2.專業服務提供者提供專業服務時，居家服務提供者同行，且於專業服務提供期間配合執行與日常生活活動之專業服務計畫

資料來源：社會福利部。

附件4-6 照顧服務代碼及服務項目——居家陪伴服務

服務代碼	服務項目	備註
AC01	日間居家陪伴服務	1.本項服務對象以心智功能障礙且有情緒及問題行為者為原則 2.係指陪伴看視並注意異常狀況
AC02	夜間居家陪伴服務	1.本項服務對象以心智功能障礙且有情緒及問題行為者為原則 2.係指陪伴看視並注意異常狀況 3.夜間為晚上8點至隔日早上8點

資料來源：社會福利部。

附件4-7 照顧問題清單

N-code	照顧問題清單
NH01	營養攝取問題
NH02	個人清潔與排泄問題
NH03	肢體活動功能障礙問題
NH04	預防不動症候群合併症問題
NH05	文書協助問題
NH06	處理家務問題
NH07	陪同外出／社會參與問題
NH08	用藥問題
NH09	特殊照護問題
NH10	認知功能缺損／安全維護問題
NH11	特殊情緒與問題行為

資料來源：社會福利部。

附件4-8　長照需要等級與居家服務給付額度

長照需要等級	失能描述	建議時數	給付額度
第一級	極輕微或無ADLs及IADLs失能狀態	不給付	不給付
第二級	極輕微或沒有ADLs失能狀態，中度或重度IADLs失能狀態，且無失智症	17～15	4,310
第三級	輕微ADLs失能狀態，輕微或中度IADLs失能狀態	26～24	6,640
第四級	以下失能狀態任一： 1.中度ADLs失能狀態，且輕微或中度IADLs失能狀態 2.無ADLs失能狀態，但中度IADLs失能狀態，且有失智症 3.輕度ADLs失能狀態，且重度IADLs失能狀態，及有情緒問題行為	31～29	7,970
第五級	以下失能狀態任一： 1.嚴重ADLs失能狀態，且輕微IADLs失能狀態 2.中度ADLs失能狀態，且重度IADLs失能狀態	40～37	10,350
第六級	以下失能狀態任一： 1.嚴重ADLs及IADLs失能狀態，無特殊照護 2.輕度ADLs失能狀態，且重度IADLs失能狀態，及高度情緒問題行為	47～43	12,050
第七級	以下失能狀態任一： 1.嚴重ADLs及IADLs失能狀態，且有特殊照護 2.極嚴重ADLs失能狀態，無特殊照護	53～49	13,780
第八級	以下失能狀態任一： 1.極嚴重ADLs失能狀態，且有特殊照護 2.ADLs完全失能狀態	60～56	15,530

資料來源：社會福利部。

附件4-9　面試履歷表

<table>
<tr><td colspan="3">應徵履歷表
面試日期：　　年　　月　　日</td></tr>
<tr><td colspan="2">電話：</td><td>身分證字號：</td></tr>
<tr><td colspan="2">出生年月日：　　年　　月　　日</td><td>身高：　　　體重：</td></tr>
<tr><td colspan="3">地址：</td></tr>
<tr><td colspan="3">相關證照：□照顧服務員結業證書 □其他證照</td></tr>
<tr><td colspan="3">居家陪伴或照顧服務工作經驗 □無 □有</td></tr>
<tr><td colspan="3">語言能力：□台語 □國語 □客家話 □英文 程度＿＿＿＿＿</td></tr>
<tr><td colspan="3">照顧、陪伴相關工作經驗或近期工作最長的單位：
服務單位：　　　　　　服務起迄日：</td></tr>
<tr><td>工作能力
（可複選）</td><td colspan="2">□家事服務
□備餐服務
□會煮簡單飯食 □很會料理三餐 □會料理介護食
□照顧服務
□洗澡 □上下床 □翻身拍背 □管灌 □被動運動 □基本生命徵象測量 □測血氧
□其他服務請說明：＿＿＿＿＿＿＿＿</td></tr>
<tr><td>工作能力</td><td colspan="2">□對照顧完全不會 □有照顧家人的經驗 □有照顧工作經驗</td></tr>
<tr><td>希望待遇</td><td colspan="2">□依公司規定 □日薪＿＿元 □月薪＿＿元 □時薪＿＿元</td></tr>
<tr><td>交通工具</td><td colspan="2">□捷運或公車 □機車 □汽車</td></tr>
<tr><td>工作模式</td><td colspan="2">□居家照顧 □居家清潔＿＿＿＿＿＿縣市為主</td></tr>
<tr><td>工作狀況</td><td colspan="2">□目前有工作 □待業中急需工作 □希望兼職</td></tr>
<tr><td>工作期待</td><td colspan="2">□希望工作地點不要離家太遠 □希望工作時間一週＿＿天
□覺得起薪太少，希望至少薪水＿＿＿＿</td></tr>
</table>

附件4-10　服務員資料

No.	姓名	編號	電話	薪資	證照	職稱	工作起始日	住址	出生年月日	年齡
1										
2										
3										
4										
5										
6										
7										
8										
9										
10										

附件4-11　服務收支

月份	收入			支出								
	營收	其他收入	合計	勞健保	勞退	訓練費	辦公文具	郵資	交通	其他	稅金	合計
1												
2												
3												
4												
5												
6												
7												
8												
9												
10												
11												
12												
小計												

附件4-12 薪資計算

月份	工作收入	加班	員工福利	考核獎金	年節獎金	其他收入	合計	勞保自付額	健保自付額	勞保退休金	第二筆勞退	其他保險自付額	其他	合計
1														
2														
3														
4														
5														
6														
7														
8														
9														
10														
11														
12														
小計														

附件4-13　教育訓練

「老人居家健康照顧班」自辦課程計畫書（銀髮訓練學習課程自辦計畫書）

執行期間：

壹、緣起

為提供在地銀髮再就業之基礎職能（知識、技能與態度），並提供專業知識課程，以提高結訓後學員再就業意願與專業能力，本課程訓練單位提供專業教學與多樣化課程。

貳、目的

對銀髮者提供職業訓練課程，增加銀髮就業學習管道，落實終生學習理念，藉以持續強化第二專長，使銀髮勞動力與就業市場接軌，以利其再重新投入職場，提高我國勞動力參與率。

參、辦理單位

一、主辦單位：
二、承辦單位：

肆、執行期間

伍、參加對象

一、年滿55歲以上有就業需求者。
二、已領取退休金者。

陸、課程說明

一、課程名稱：老人居家健康照顧班
二、上課地點：
三、硬體設施說明：（例如視聽設備、筆電、投影機、投影幕、音響、麥克風）
四、預計招收人數：
五、課程辦理方式

序號	日期	時間	課程大綱及課程內容	講師
1		13:30～15:00	老人餐食製作 膳食設計 食品衛生與安全	
		16:00～17:00	家事服務 清潔打掃物品說明 工作技能示範	
2		13:00～15:00	照顧服務實務 照顧技能進階研習 All In One需求評估	
		16:00～17:00	服務品質管理 照顧服務品質提升方法Q&A	
3		13:00～15:00	長青照護 老人常見疾病 老人疾病預防保健	
		16:00～17:00	健康引導 老人健康促進 照顧專業技能探討老人疾病預防保健	
4		13:00～15:00	老人學理論與實務 老人休閒與運動　健康操示範 被動復健運動	
		16:00～17:00	抗老化老人學理論與實務 老化理論 老化現象	
5		13:00～15:00	抗老化養生 輔助療法的應記憶與睡眠	
		16:00～17:00	EQ與LQ EQ與社交圈建立 LQ學習智商	
6		13:00～15:00	老化的課業 老人心理諮商概論 身心靈提升活動	
		16:00～17:00	管理實務與應用 自我管理 健康管理實務	

柒、訓練師資名冊

姓名	學歷	經歷	擔任課程	內／外聘	類別
陳美蘭	碩士	專案督導	老人居家健康照顧	□內聘 ■外聘	■講師 □助教
許詩妤	大學	督導助理		□內聘 ■外聘	□講師 ■助教

捌、講師／助教學經歷證明文件

附上畢業證書。

玖、經費概算表&材料費明細表

一、經費概算表

科目	單價（元）	數量	合計	說明
外聘講師鐘點費	1,600	24小時	38,400	上限1,600元／時
助教鐘點費	400	10小時	4,000	上限400元／時，每班申請助教鐘點費上限10小時
書籍講義印製費	250	25人	6,250	上限250元／人
材料費	400	25人	10,000	每人材料費總金額（上限400元／人） 材料費明細如附件
總計			58,650	

二、經費概算表

科目	單價（元）	數量	合計	說明
實習教材	400	25	10,000	

拾、預期效益

在課程中讓55歲以上參與者學習到專業技能，瞭解居家照顧服務的工作內容、服務樣態，並在其中找到合適的人力，增加銀髮就業能力。

資料來源：申請銀髮人才資源中心課程之計畫書。

附件4-14 學生實習

學生校外實習時數確認表

部別：■日間部 □進修部 □進專 □進院　　學制：□五專 □二專 □二技 ■四技

系科：　　課程名稱：社會工作實習一　　實習單位全銜：財團法人伊甸社會福利基金會附設迦勒居家照顧服務中心

班級	學號	姓名	性別(請輸入"1") 男	性別(請輸入"1") 女	實習日期或期間	106/2/1~106/7/31之實習時數(只填寫此段期間的實習時數)	106/8/1~107/1/31之實習時數(只填寫此段期間的實習時數)	實習場所(填寫號碼) 1.校外實習(國內) 2.附屬機構實習(國內) 3.校外實習(國外、海外) 4.附屬機構實習(國外、海外) 5.校外實習(大陸、港澳地區) 6.附屬機構實習(大陸、港澳地區)	佐證資料(填寫號碼) 1. 有合約 2. 無合約 3. 其他 4. 無
				1	106/07/03~106/08/25	168小時	152小時	1	1
				1	106/07/03~106/08/25	168小時	152小時	1	1
			1		106/07/03~106/08/25	168小時	152小時	1	1
合計人數			1	2	合計時數	168小時	152小時		

製表人：
系科主任：　　實習單位用印：

填表說明：

一、相同機構不同學制或不同年級的學生群，請寫在不同時數確認表中，每份表單均須檢附實習機構合約書或公函或其他建教合作當成佐證資料。

二、與業界簽訂實習合約須正式簽約(有法律效力之契約)，合約內需載明參與實習之人數、就讀學制、所系科別、課程名稱、實習時數及實習期間等資料，或校內系所開設學分數之正式實習課程之實習時數(與業界簽約者)，也可列入計算。

三、國外、海外：係指大陸地區以外之境外地區。

資料來源：經國管理暨健康學院高齡照顧福祉系暑期實習表單。

附件4-15　客戶管理

客戶姓名		服務需求 評估日期	簽約日期	合約到期日
		___年___月___日	___年___月___日	___年___月___日
1	服務對象			
2	地址			
3	聯絡電話			
4	照顧服務員姓名			
5	服務需求評估		□照顧服務 □家事服務 □備餐服務 □其他________	
6	實際工作內容			
7	客戶家庭狀況記錄			
8	工作時間			
9	輔具需求記錄			
10	需求評估			
11	滿意度調查			
12	客訴記錄			
13	收費狀況			
14	每月費用			
15	家訪記錄			
16	緊急聯絡人姓名 電話			

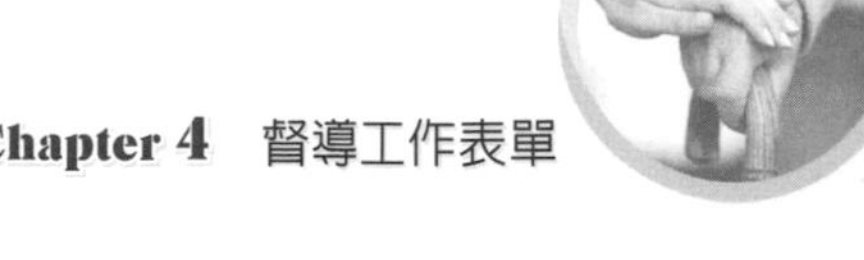

附件4-16　服務滿意度

健康照顧計畫整體評估

一、狀況評估（家屬填寫）

狀況評估	很好	還可以	一樣	退步	不太好
1.案主身心靈健康狀況					
2.照顧員與被照顧者之互動					
3.照顧員與家屬之溝通					

二、服務使用者月滿意度（家屬填寫）

使用者評估服務滿意度：

□非常滿意(5) □滿意(4) □普通(3) □不太滿意(2) □非常不滿意(1)

資料來源：伊甸基金會附設迦勒居家照顧服務中心。

附件4-17　員工優質服務評核表

	非常同意	同意	不同意	非常不同意
一、儀容				
1.保持服裝整潔				
2.頭髮梳理整齊				
3.適合的飾物及化妝				
4.保持面部及雙手清潔				
5.職員證配戴在適當位置				
二、態度				
6.主動打招呼				
7.眼神接觸				
8.保持笑容				
9.聲線溫和、親切				
10.積極主動				
11.耐心聆聽不插嘴				
三、服務內容				
12.瞭解案主的需求				
13.留意案主的狀況及動態				
14.留意案主身、心、靈狀況				
15.適時告知家屬案主狀況				
16.適時提供創新服務				
17.專心聆聽需求並加以改善				
18.依政策與步驟服務案主				
19.準時不遲到及早退				
20.專心做好份內工作				
21.勇於承擔錯誤				
22.定時繳交相關資料				
23.主動詢問或學習				

資料來源：伊甸基金會附設迦勒居家照顧服務中心。

附件4-18　工作報告

目　次
一、計畫目標
二、執行業務
三、工作產出
四、服務人力
五、月收支
六、教育訓練
七、合作方案
八、客戶管理
九、員工管理
十、工作紀錄
十一、工作會議
十二、工作報告
十三、附件

附件4-19　小規模多機能服務計畫書

＿＿＿＿＿＿縣／市辦理小規模多機能服務 計畫書（1）

縣市社工（陪同照專第一次訪問）填寫

<table>
<tr><td colspan="2">□初評 □複評／□申請中 □已核定
個案姓名：　　　　　　　　出生年月日：＿年＿月＿日
地址：
填表人姓名：
服務提供單位：
填表（變更）日期：＿年＿月＿日 初評／複評日期：＿年＿月＿日
核定日期：＿年＿月＿日</td></tr>
<tr><td>失能／失智程度</td><td>失能程度：□輕度 □中度 □重度
失智程度：□輕度 □中度 □重度（CDR：　）</td></tr>
<tr><td>個案及家屬對照護的意向
（請填優先順序）</td><td>□以日間照顧服務為主 □以居家服務為主 □以短期住宿為主
□其他＿＿＿＿＿＿＿＿</td></tr>
<tr><td>照管中心的意見及指定服務</td><td>□照顧服務：＿＿＿小時／月
□臨時住宿服務（喘息服務）：＿＿＿天／年</td></tr>
<tr><td>綜合援助方針
（係指相關照顧服務、社會資源的連結，以個案自立支援生活為目標）</td><td></td></tr>
</table>

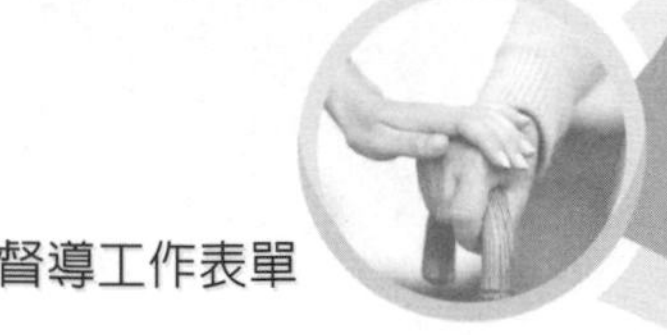

______________縣/市辦理小規模多機能服務 計畫書(2)

縣市社工(陪同單位個管第二次訪問)填寫

個案姓名:__________________ 製表日期:____年____月____日

需求(課題)	目標				服務內容					
	長期目標(3~6個月)	期間	短期目標(1~3個月)	期間	服務內容	※1	服務類別	※2	次數	期間

※1.「是否符合長照十年對象」,符合者打圈「○」。
※2.填入「服務提供單位場所」。
※「服務類別」請以代號填入表格,代號說明:1.日間照顧服務、2.居家服務、3.臨時住宿服務(喘息服務)、4.交通接送、5.餐食服務、6.沐浴服務、7.其他。

附件4-20　觀察見習服務記錄

第1天

居家照顧的阿嬤，女性，79歲，100公斤左右，中風六年，插鼻胃管，會不定時咳嗽。

237cc.腎補鈉，一餐160cc.前三餐，三罐一天分四次吃。

阿公也大概80歲左右，阿公有三高——糖尿病、高血壓、高血脂，在飲食方面建議他多喝水、少吃甜食。

灌食時注意：160cc.牛奶＋100cc.水。

灌食後20分鐘灌藥：藥要磨成粉+6cc.藥水，80cc.水。

11:30灌食。

12:00陪阿公吃午餐。

12:30阿嬤上床午休。

13:00～16:00午休時間，怕阿嬤太熱，幫她搧扇子，不然她背會一直流汗，不舒服。阿嬤躺著腳會亂踢，手會亂動，所以手要包起來，以免她拉鼻胃管。

16:00生命徵象測量

1.量體溫。

2.量血糖，放在中指上測量。

3.量血壓、心跳。

16:30～17:00洗澡，用便盆椅。直接穿脫的復健褲（尿布）可以直接撕破兩旁，會比較好脫下來。

第2天

換尿片時，發現阿嬤大便有流血，阿公說阿嬤有痔瘡。

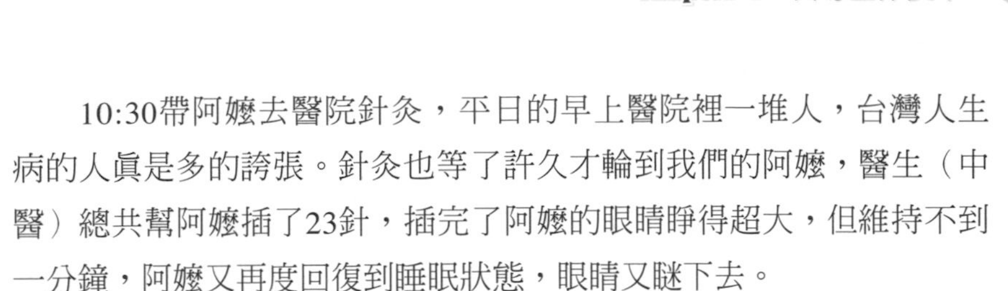

10:30帶阿嬤去醫院針灸，平日的早上醫院裡一堆人，台灣人生病的人眞是多的誇張。針灸也等了許久才輪到我們的阿嬤，醫生（中醫）總共幫阿嬤插了23針，插完了阿嬤的眼睛睜得超大，但維持不到一分鐘，阿嬤又再度回復到睡眠狀態，眼睛又瞇下去。

在把阿嬤推回家的路上，一路上地面顚簸、凹凸不平，人行道所做的無障礙設施還是有待改進，不然不只是照顧的人要辛苦的推，坐在輪椅上的被照顧者一路搖搖晃晃也是很痛苦的，地面坑坑洞洞，又高高低低的，對於坐在輪椅上的人是很危險的。下坡比較危險，所以要到退著推，以確保阿嬤的安全。阿嬤家在一樓，可是有幾階的樓梯，有一個木頭斜坡設施可以讓輪椅上到家裡，但是坡度太斜，很難推上去，一定得要兩個人才有辦法。

阿嬤上床，檢查尿布有沒有濕。再來灌食，牛奶罐先放在加有1/5熱水的杯子裡熱一下。20分鐘後灌藥，藥不要倒太多（5～10cc.），以免藥粉都殘留在針筒的管壁上，藥效就沒有了。

13:40吃午餐，接著午休時間。

16:00生命徵象測量（體溫、血壓、血糖、心跳）。

擦澡、擦臉、身體，擦身體的水是有加了一匙的酵素。檢查尿布。

下床，阿嬤軟趴趴的，把她全身的重量都壓在我的身上。

17:30～18:00休息時間，阿公請我吃貢糖，還泡茶給我喝，眞是悠閒的下午茶，阿公人好好。阿公還說如果我餓的話，可以拿麵包去吃，就像對待自己的孫子一樣，擔心我會餓到。

18:00灌牛奶。煮菜，把中午沒吃完的一些菜燙一燙，再多炒兩樣青菜就解決了。

18:20灌藥。我幫忙洗米，炒絲瓜和空心菜。

第3天

10:00阿嬤睡得很熟，還打呼。姿勢喬對了，阿嬤就很好睡（床頭搖高30度左右）。下床，讓阿嬤到客廳去坐。坐在客廳的椅子上，幫阿嬤做伸展運動（10～15分鐘），手部：關節彎折，手臂抬高伸展。腳部：伸直、抬起。

12:00管灌。阿嬤的午餐時間。

12:30吃午餐，今天吃粽子、碗粿，女兒和阿嬤說話時，阿嬤會張口回應，這是我第一次聽到阿嬤開口講話，好神奇啊！讓我明白了，親情的力量是很大的，運用親情的力量是能夠讓阿嬤有如此大的反應，老人是非常需要家人的陪伴，對於他們的病情好轉是有很大的幫助的。

13:10午休時間，讓尿布包覆住的地方能通風。

16:00洗澡（擦臉、洗頭、洗身體）。穿上衣、穿尿褲（復健褲+小看護墊）。穿褲子。抱到客廳的椅子上。吹頭髮、梳頭。

第4天

阿嬤在客廳休息，開電視給她看，阿嬤的情況似乎有越來越好的趨勢，在客廳也不怎麼會睡覺，不像之前一到客廳就呼呼大睡，現在還會看在客廳的人，我叫她時她也會一直盯著我看。

晚飯煮好了，我去叫阿公吃飯，後來阿公進來，就叫我幫他添飯，阿公把我當成自己的孫女看待。我也幫大家添飯。坐下來吃飯，阿公叫我吃個滷蛋，說這個滷蛋給妳吃，就像自己的阿公一樣。

把阿嬤的椅子喬過來看我們吃飯，姊姊問阿嬤要不要吃筍子，她張開了口，她也想要吃，吃不到，阿嬤就咳嗽了，是想講話講不出來，就只能用咳嗽的方式來表達，表達她也想要吃。

吃飽飯了，洗碗。阿公叫我過去幫忙把藥盒子的每一個蓋子打開，發現阿公忘了去拿藥。

抱的方式也是很標準，一點也不費力，輕輕鬆鬆就抱上去了。

幫阿嬤加80cc.的水，再給阿嬤聽詩歌「恩典之路」，一邊放一邊唱，阿嬤竟然睡著了。

穿衣服看似是件很簡單的事情，但是實際下去做才明白這是件需要練習的事情。

第5天

到達，阿嬤還在床上睡覺。下床，洗澡。

1.抱下床，坐到馬桶椅上。

2.脫上衣，上衣放在阿嬤的身體上保暖，以免阿嬤感冒了。

3.洗頭，用毛巾遮著阿嬤的臉，一個人洗頭，另一個人把阿嬤的頭壓低。洗完就把臉擦乾。

4.洗身體，由上往下洗。

5.把身上的泡泡沖掉。

6.擦乾身體，穿上衣，將阿嬤推回房間。

7.先穿上尿褲、小看護墊，我把阿嬤抱起來。

8.抱到床上：

(1)先讓阿嬤的雙腳都有踏在地板上，雙腳要平行，右腳放在阿嬤的雙腿中間。

(2)把頭靠在阿嬤頭的左邊，整個身體要靠著阿嬤的身體，才有辦法施力，阿嬤的雙手放在我的脖子後面，我的手放在阿嬤的背後十指緊扣。

(3)站立起來時，我的左腳稍微微彎一點，左膝蓋靠在阿嬤的右膝蓋上，支撐住。

(4)移到床上。

9.穿褲子。

10.抱下床坐輪椅，到客廳的椅子去坐。

11.換鼻貼，剪7.5～8個格子的鼻貼長度。

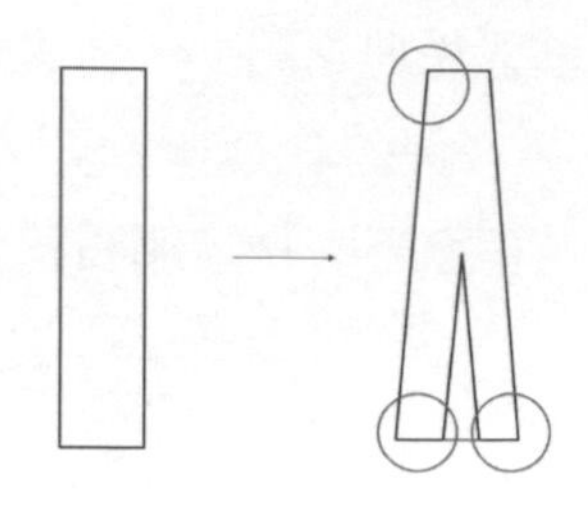

剪一半，如上圖。圈起來的部分要反折，比較好撕。

幫阿嬤撕鼻貼時，注意鼻胃管在鼻子的刻度是70。

幫阿嬤做伸展運動，我幫她做手部的運動。

幫阿嬤拍背，右手把背壓下來，左手拍背，拍到手很痠，第一次拍背。

阿公請我吃巧克力，說我太累了，要補充一下體力。

今天有加菜（壽司），阿公拿了一個鮭魚卵要給阿嬤吃，說這是阿嬤最喜歡吃的鮭魚卵，難怪我問阿公喜歡吃什麼壽司，阿公第一個就點鮭魚卵壽司，可見阿公多麼的愛阿嬤。

第6天

交接，身體溫度還是偏高，一個小時要量一次溫度，8:30要查看有無排便排尿。早上只有我一個人顧阿嬤，阿嬤躺在床上，溫度還是有點偏高，背也一直流汗，我就用扇子幫阿嬤扇風，看體溫會不會降一些。後來體溫確實是有降一點，就放心多了。

9:45把阿嬤推到客廳去看電視，幫阿嬤做運動。

11:50管灌。

2:15吃午餐。

第7天

跟他們的家人打招呼，與晚班的交接，吃早餐。

翻身，換尿布。

1.先把氣墊床搖平，再把阿嬤喬好位子，喬到正中間，阿嬤的身體要直，欄杆記得要拉起來，保護阿嬤的安全。

2.翻身要換尿布，阿嬤漏尿在看護墊上面，拿一個新的看護墊鋪在下面，髒的看護墊要抽起來，要注意要鋪平整。

3.尿褲也濕了，所以撕掉尿褲，把髒的尿褲跟小看護墊往下壓，新的小看護墊包著，穿上尿褲，拉上去，再用翻身的方式把尿褲穿好，在翻身穿尿褲的同時也要注意衣服的平整，要拉平整。

4.阿嬤的身體下面要鋪枕頭，一個讓她側躺，要鋪在阿嬤的背後（L型枕頭），一個是保護她的腳，因為阿嬤的腳會亂踢，所以要保護她亂踢的時候不要踢到欄杆，注意看護墊要鋪在枕頭上面。

5.稱尿褲的尿有多少，8:50尿160克，總共稱是280（尿160、尿褲90、小看護墊30）床頭要搖高30度左右。

6.擦臉，展開毛巾，手掌撐開，兩隻手一起擦，眼睛的地方要撥開來擦，有眼屎會黏住阿嬤的眼睛，阿嬤會睜不開眼睛。

7.口腔清潔，漱口水的杯子（半杯漱口水，一杯開水），漱口水：開水=1：2。

清潔地板，掃地，拖地，由於他們家有養狗，地上的狗毛特別多，所以須先掃地並且用能吸附毛髮的布拖一遍，才能擦地。

晚餐就不用煮菜，只要煮4杯米就好（米：水=1：1.2，因為阿公的牙齒不好，所以飯要煮軟一點）。到廚房打開冰箱查看有什麼東西，想一下今天的午餐要煮什麼菜，有昨天晚上剩的湯、雞肉、四季豆+茄子，想說煎個魚，把魚拿下來退冰，但是阿公咬不動，所以最後決定不煎了，又看到有雞蛋豆腐，再加一點醬油就很好吃了，還特地上網查了一下食譜。

11:00把阿嬤搬下床，把阿嬤的雙腳移下床，左手放在阿嬤的脖子後面扣住，右手可以幫忙支撐在床上，慢慢把阿嬤的身體轉成坐式，轉到坐式時，趕緊將右腳放在阿嬤的雙腿中間，再來把阿嬤的腳趾吐在地板上，雙腳平行，這樣阿嬤就能幫忙站立，接著把阿嬤的雙手放到自己的背後，自己的雙手也放到阿嬤的背後，拉住阿嬤的褲頭，就能夠把阿嬤抱起來，把阿嬤移到輪椅上，注意頭部不能去撞到後面的杆子。穿尿褲+小看護墊、褲子，一個人抱起阿嬤，一個人把褲子跟尿褲往上拉，移到客廳去看電視。幫阿嬤做手部伸展運動，阿嬤的手已經可以抬很高了，很棒。

11:20進去廚房備餐，熱蘿蔔丸子湯（昨天姊姊蘿蔔沒有煮軟，阿公沒辦法吃，所以今天我就讓它滾久一點，讓蘿蔔煮軟一點）、煎三顆蛋+蔥、蒸雞肉、炒青菜、涼拌雞蛋豆腐（雞蛋豆腐上面灑一些肉鬆再加蠔油，也可以再加皮蛋，只是因爲已經有煎蛋了，就沒加），本來想用煎的，但是時間不夠，阿公12:30一定要吃飯。

整理琉璃台，準備開動。阿公還是讓我幫他添飯，我們把剩下的飯吃完。洗碗筷，把剩下的菜用保鮮膜包起來，有些菜、湯還溫溫的，想說先放著等涼一點再放進冰箱，碗筷想說還沒乾，先放在外面讓它乾。廚房的桌面要讓它乾淨，所以不能把一堆的剩菜跟一堆的碗筷都堆在桌上。

13:30～15:50阿嬤上床午休。

16:00洗澡，抱上馬桶椅，把尿褲撕掉。準備衣服，進浴室，漏熱水，脫上衣，拿灰色的毛巾遮臉，要洗頭，藍色的毛巾擦臉，沖身體，洗身體（屁股最後洗，沐浴乳最多擠兩次就好，擠太多會很難沖乾淨），擦乾頭、身體，穿上衣。把擦乾的毛巾鋪在阿嬤的腳上才不會冷到，推進房間穿褲子，先穿尿褲+小看護墊，再穿褲子，阿嬤屁股要擦藥，所以先抱上床比較好看得到，阿嬤的屁股有發現破皮流血，趕緊幫她擦藥，這需要兩個人一起才能弄好。叫阿公來看阿嬤屁股破

皮的狀況，跟阿公說還是不要讓阿嬤坐太久比較好。

吹頭髮（床搖高45度），梳頭髮。

先讓阿嬤躺在床上，因為屁股破皮還是盡量不要坐太久，所以把L型抱枕跟保護腳的枕頭都放在阿嬤的身體旁邊，假如L型要放阿嬤的右邊，那阿嬤的右腳先抬高（彎曲），讓阿嬤往她的左邊翻過去，L型的放在阿嬤的背部，左腳在下，右腳在上，保護腳的枕頭就放在阿嬤的右腳旁邊，保護阿嬤的右腳踢的時候不會踢到欄杆（看護墊記得要鋪在枕頭的上面）。

洗米，4杯的米加4.8杯的水。阿公說下次不要用煮米的鍋子洗米，要用另外的鍋子洗，不然洗米的時候，會把煮米的鍋子不繡鋼鍋弄壞掉。

休息一下，阿公請我們吃餅乾，還泡茶給我們喝，跟阿公聊聊天。

把阿嬤抱下床，到客廳跟孩子孫子一起。

18:00管灌，160cc.腎補鈉+100cc.水。

阿嬤反抽出血，住院

到達。

跟阿嬤打招呼說我來了，叫她阿嬤，她會回應我「喂」，阿嬤會回應我好神奇啊！

灌飯前藥、灌牛奶、灌飯後藥。

12:00換尿布、翻身。

12:30～14:30阿嬤午休時間。檢查尿布有無濕。

15:00～16:00照顧服務員午休時間。我幫忙看著阿嬤，讓阿嬤不要拉管子。

16:00～17:30我的午休時間。

17:30護士來反抽，觀察阿嬤的消化狀況，反抽出牛奶，有一罐針筒的分量。

18:00洗澡。用馬桶椅推到浴室去。

1.脫上衣。

2.用衣服遮著臉，衣服代替毛巾防止水跑到耳朵及臉上。頭壓低，洗頭。

3.擦乾頭髮，5秒。洗身體，擦乾。

4.穿上衣，10秒內完成，我做到了。不過也是要迅速穿上衣服，不然阿嬤會冷到，那就不好了。

5.吹頭髮。

6.穿尿布，一個人抱著阿嬤，另一個人穿尿布，動作要很迅速，不然抱的那個人會很辛苦。

7.抱上床。確認尿布有無包好。下面墊枕頭，讓阿嬤能睡得舒適，也確保骨頭跟骨頭之間沒有接觸到，使壓瘡不會產生。看護墊要放在枕頭上面，流出來的話才不會流到枕頭上。棉被要鋪平，不能有摺痕。

臥床阿嬤一天24小時的生活

時間	工作項目	工作內容	其他
7:30	早班、晚班交接	注意事項（有沒有排便、有沒有什麼特殊狀況、昨晚睡的好嗎，或者直接看工作記錄單、輸出輸入量）	
8:00	換尿布、翻身	查看有無排便、排尿，2小時翻身一次	
	清潔打掃	查看有無要整理的地方（拖地、掃地），因為養狗有狗毛，為避免阿嬤咳嗽的機會 午餐的預備，阿嬤的狀況觀察	
9:30	下床	沒有排便排尿：馬桶椅，先叫醒他，手扶著照顧者，請阿嬤幫忙站立 有排便排尿：輪椅，穿好褲子在下床（因為在床上沒有穿長褲子，為了要通風）	9:30～10:00若昨天的尿不到1,000cc.，加一次水80cc.
10:00	客廳去坐 運動伸展、臉部穴道按摩	被動式復健運動，從手到腳、拍背 若沒有人幫忙，做伸展運動，則每小時站立、拍拍屁股、拍背的動作，檢視手、腳有無腫脹或香港腳或瘀青要擦藥	

時間	工作項目	工作內容	其他
12:00	管灌	腎補鈉160cc.+水100cc.	
12:20	灌藥	藥+水80cc.	
13:00	到床上休息、換尿片	關燈，保持溫度舒適（不要太冷也不要太熱）	
14:00～14:30	查看有無排便、排尿	若有排便、排尿就要換尿布，沒有就幫他翻身拍背	15:30～16:00加80cc.水
16:00	擦澡（有針灸）	毛巾分開（擦臉、擦身體、擦屁股的毛巾），擦完的毛巾拿去洗衣機洗 加酵素	
	洗澡（沒有針灸）	因為浴室比較小，所以用馬桶椅洗澡（馬桶椅下面的馬桶會拆開，放在底下，推進浴室時就會改成放臉盆在下面，因為若不拆開，推進去會很不方便移動） 擦臉、洗頭，沖完澡，用大浴巾擦乾，開暖氣保暖	
	穿衣、尿布、褲子	到房間穿比較不會危險，因為浴室是濕的	
16:20	阿嬤到客廳休息	整理床鋪（三天換一次床單）、浴室保持乾淨（爽）、換洗衣物可以拿來擦拭地板，使地板不要溼答答的，要保持乾燥，因為家裡還有阿公，要預防阿公跌倒。也會把浴室的暖氣打開15～20分鐘，讓地板乾燥	
17:00	休息	晚餐的預備（中午有煮飯，因為只有阿公跟照顧者要吃，晚餐家裡的人就會比較多一點，就要煮多一點，菜先預備好，要用電鍋蒸的先用、飯不夠要再煮……）	
18:00	管灌	腎補鈉160cc.+水100cc.	
18:20	灌藥	藥+水80cc.	
18:25	備餐	備餐的同時，阿公也會去洗澡（因為阿嬤坐在客廳不會動，所以照顧者可以去備餐）。 阿公的牙齒不好，所以肉要嫩、菜要切細小一點、煮湯	
19:00	阿公吃晚餐	吃完，整理碗筷	
19:00～19:30	與晚班交接	阿公洗完澡，晚班拿衣服去洗	

時間	工作項目	工作內容	其他
20:00			看狀況加80cc.水
20:30	上床		
22:00	管灌	看剩下多少就灌多少	
		晚班洗澡	
		就寢	
00:00	翻身、拍背		
02:00			
05:30	起床		
06:00	管灌	腎補鈉160cc.+水100cc.	
06:20	灌藥	藥+水80cc.	

Chapter 5

居家健康促進

陳美蘭、許詩妤

學習重點

1.老年人健康規劃與健康飲食

2.健康操運動

隨著科技的進步，醫藥技術的日新月異，人類壽命的延長，加速老年人口數的增加。健康（health）是人人追求的目標，新興高齡者追求身心靈的健康趨勢。健康促進（health promotion）是促使人們能夠強化其掌控並增進自身健康的過程。健康規劃（health plan）包括營養餐食、運動健身、社會參與、娛樂活動、睡眠調整等。健康管理、電氣通信、醫療機器、健康中心，健康檢查也包括在其中。世界上大多數國家人民的疾病型態已由急性、傳染性疾病轉變爲慢性、非傳染性、退化性疾病，而這些健康問題主要是由個人不良生活習慣所引起，在日本稱之爲「生活習慣病」，必須由個人和社會共同負起預防疾病和促進健康的責任。

陳美蘭（2015）提到「健康654321法則」，包含身、心、靈之健康促進。首先，注重「六素」，即六大營養素的補充。其次，養成「五習」，即每日至少三份蔬菜、二份水果，養成靜坐深呼吸的習慣，每週至少一次到山上走走，每天用雙手從頭到腳輕拍或輕揉，閱讀至少一句勵志經文或閱讀一篇鼓勵人向善的文章。持續做到「四保」，就是體內環保、體外環保、保持運動習慣、保守眞理的道。做到「三慢」，即脾氣好、心跳緩、吃飯慢。訓練自己「三快」，即排便快、反應快、入睡快，再達到正向能量強、助人能力強的「二強」能力，就會得享美好「一生」，即一個突破障礙的全人整體健康之美好人生。

對於健康促進運動的興起，世界衛生組織（World Health Organization, WHO）一直是基於領導地位。「2017台灣全球健康論壇」（2017 Global Health Forum in Taiwan）由衛生福利部及外交部共同舉辦，論壇主題爲「感動、行動、全面推動：全球永續發展目標（SDGs）實踐」（Inspiration, Action, and Movement (IAM): Implementation of SDGs），以呼應聯合國2030年永續發展之十七項目標與強化全民健康福祉之長期目標（衛生福利部，2017）。健康促進是「全民健康」全球戰略的關鍵因素。健康促進的內涵由社會的所有領域和部門共同承擔。

健康促進運用多學科、多部門、多手段來增進群衆得健康，建立在大衆健康生態基礎上，強調健康、環境、發展的整合。

健康促進有科技進步、醫學發展、教育普及、資訊發達等因素，助長人類健康意識的覺醒與提升。世界各國推動健康促進計畫的四大主要動力：

1. 世界衛生組織於1978年發佈的「阿拉木圖宣言」，爾後分別於1986年、1988年、1991年、1997年、2000年、2005年及2009年召開的第一屆至第七屆健康促進國際研討會，會議所揭示的主題以及會後發佈的憲章、宣言、建言或聲明，再加上於1998年發佈的「二十一世紀全民健康」（Health for All in the 21th Century）文件引領世界各國邁向健康促進新紀元。
2. 美國衛生暨公共服務部（U.S. Department of Health and Human Services, USDHHS）分別於1980年、1990年、2000年及2010年訂頒的「健康國民衛生白皮書」，成爲世界各國研訂和推動健康促進計畫時非常重要的借鏡。
3. 世界各國所訂頒的「衛生白皮書」或相關方案，透過公部門、私部門以及民衆同心協力推動各項健康促進計畫。
4. 全世界唯一的健康促進國際性非政府組織——國際健康促進暨教育聯盟（International Union for Health Promotion and Education, IUHPE）（www.iuhpe.org）每三年召開一次的世界健康促進與衛生教育大會及八個分會不定期召開的會議，成爲世界各國健康促進與健康教育專業人員交換工作經驗和心得，持續賦權共商更佳策略的重要場合和時機，對各會員國健康促進計畫績效及永續發展，有其相當程度的貢獻（許君強，2011）。

1978年世界衛生組織在蘇聯阿拉木圖所召開的基層醫療保健（Primary Health Care, PHC）會議，以及會後發表的「阿拉木圖宣

言」，是促進全民健康（health for all）過程中重要里程碑，也是健康促進發展的雛形。「渥太華健康促進憲章」明確地指出健康促進的五項行動策略（許君強，2011）：

1.制定健康的公共政策（Build Healthy Public Policy）：對人類健康與社會發展的投資。

2.創造支持性環境（Create Supportive Environments）：人類與其生存的環境是密不可分的，這是健康促進採取社會一生態學方法的基礎，及需要促進我們的社區和自然環境的相互維護，強調保護自然資源是全球的責任。

3.強化社區行動（Strengthen Community Actions）：確定優先項目、做出決策、設計策略及其執行，以達到更健康的目標。

4.發展個人技能（Develop Personal Skills）：透過提供健康教育和提高生活技能以支持個人和社會的發展。

5.調整衛生服務方向（Reorient Health Services）：使醫療機構透過組織改革和功能的改變以調適新的需求。

健康促進涵蓋了健康教育，是融合組織、政治、經濟、法律以及環境等各項因素於一體的整合性策略。Ewles和Simnett於1999年提出的「健康促進活動架構」（A Framework for Health Promotion Activities）更加印證了此項理念。這個架構涵蓋下列七大內涵（許君強，2011）：

1.健康教育計畫（Health education programmes）。

2.預防性健康服務，初級、次級及三級預防（Preventive health services, primary, secondary and tertiary）。

3.社區本位工作（Community-based work）。

4.組織發展（Organizational development）。

5.健康的公共政策（Healthy public policies）。
6.環境衛生策略（Environmental health measures）。
7.經濟及法規活動（Economic and regulatory activities）。

老年人的健康規劃與健康飲食，在健康促進裡，是很重要的一個生活環節。健康規劃與全人整體健康環環相扣，缺一不可。從全人整體健康概念出發，養成健康促進的生活方式，老年人健康規劃也是避免失智症及老年憂鬱的方法之一。健康飲食及營養均衡攝取對老年人健康促進來說，十分重要。

第一節　老年人健康規劃與健康飲食

老年人居家健康規劃與健康飲食，應可從準備退休前開始。日本鼓勵每個人40歲開始規劃退休生活，因爲退休後自由的時間充實，舉例來說，在職中工作的時間是12小時×245日×40年＝117,600時，退休後自由的時間是16小時×365日×20年＝116,800時（トータルセカンドライフ研究會，2012）。也就是說，退休後二十年所擁有的可勞動時間，跟退休前四十年的可勞動時間幾乎相同，等於是第二段青春人生，故更應好好做健康規劃。

高齡者在靈性健康成長領域更新生命，改變自己，活出美好，超越老化，從全人整體健康著手身心靈健康促進活動發展，並整合社會參與之服務學習和情緒面的調整學習，來提升高齡者之全人整體健康。

壹、老年人健康規劃

健康規劃，顧名思義，就是將舉凡與生理、心理、靈性相關的健康行爲，引入個人日常生活中。「社區健康需求評估」是擬定社區健康促進計畫的首要步驟。社區健康需求評估的測量指標，可以就生理的（physical）、心理的（mental）、社會的（social）、環境的（environment）與心靈的（spiritual）五個層面來看。全人整體健康（holistic health）由生理、心理、靈性、社會四個層面所組成，健康規劃應朝全人整體健康的目標執行。

一、生理的健康規劃

老年人的身體會因爲老化引起不適，心裡感到生活沒有意義，感覺自己沒用，整天不想動，導致身體功能退化、忘記、睡眠障礙、牙周病、呼吸系統退化、消化系統弱、泌尿系統機能弱、視力衰退、聽力弱、呑嚥力差、心血管老化、皮膚乾燥、便祕、下肢衰退、易骨折、易冰冷、手足麻木等身體器官退化所產生的疾病及症狀，因年齡增加而發生率提高（**圖5-1**）。

一些年長者會刻意節制飲食，或因爲疾病因素而限制鹽分、脂肪、蛋白質或糖的攝取，這樣的做法的確可以幫助控制疾病，但也可能造成營養不足或不均衡而影響生理健康（伊甸社會福利基金會，2015）。在日本，老年人遇到生理上睡眠障礙、老化障礙等問題，可以找生活相談員諮商。在台灣，目前有成立許多日間的老人中心，社工員會規劃及提供健康相關的課程及運動，提供社區長者一個知性與健康的學習園地。

大田仁史、三好春樹（2014）認爲介護重度的九個條件和效果，

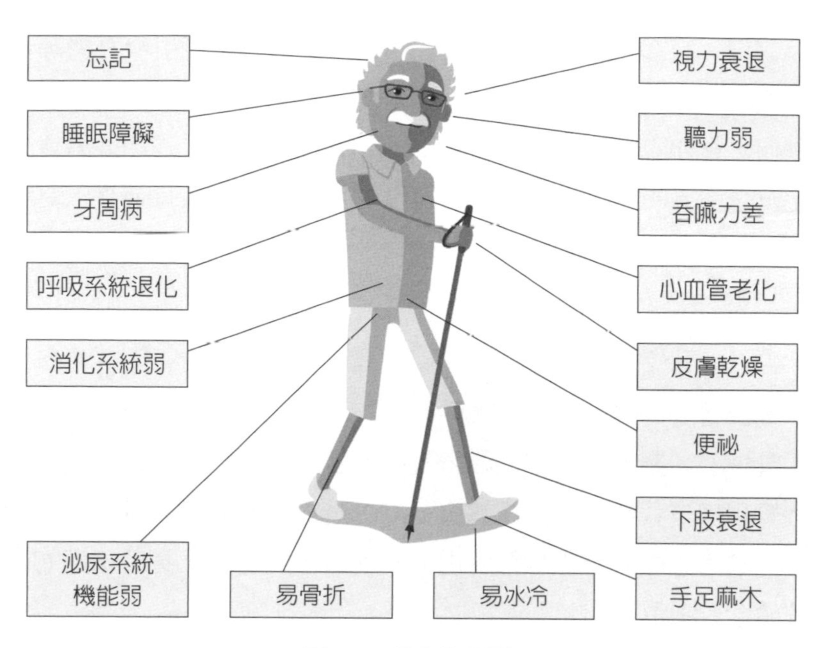

圖5-1 老人的身體

資料來源：大田仁史、三好春樹（2014）。

包括表情好、可吃、血壓、肺活量增、褥瘡治、筋骨強、平衡感佳、排便順、手腳萎縮預防。重症患者的身心靈健康提升也很重要，雖然是失能或失智重症，但照顧者的用心，案主還是可以感受得到。

二、心理的健康規劃

在心理方面，自尊心過低和過去學習經驗的影響，會導致長者缺乏學習動機及學習信心。影響年長者的飲食和營養狀況因素，除了健康考量因素之外，刻意節制飲食和心理精神疾病，也是影響因素之一。年長者常常有健康相關的問題，例如牙齒問題、慢性疾病、服用多種藥物、吞嚥困難、吸收能力不佳、味覺或嗅覺退化、近期住院等等，而導致食慾下降或進食困難，相對的也會影響到心理健康。

哀傷、寂寞、身體健康不佳、缺乏運動等都可能引發憂鬱等心理精神疾病，並出現食慾下降的症狀。而年紀越大越容易罹患失智症與憂鬱症，會伴隨體重降低和營養不足等狀況。此外，長期飲酒會干擾消化及營養素的吸收，特別是酒癮患者常常以喝酒代替進食，更可能發生營養不足或不均衡的情形（伊甸社會福利基金會，2015）。

三、靈性的健康規劃

高齡者身心靈互動中，靈性的超越層次是全人整體健康的最高體現。身、心、靈健康會相互影響，靈性健康的人，會學習自我成長、自我實現與自我超越。靈性健康可以說是內在心靈的力量，超越物質享受。透過志願服務體會幫助別人成就自己的道理，身體病痛的人可因此轉念看到希望。

找出苦難的意義、學會愛與寬恕、學習與自然環境和諧共存、創造充滿感恩和盼望的生活四方面，可以看出身心靈健康中靈性健康提升的能力。新時代的老年人，除了希望自己活得老也要活得好，更要活得健康，活出生命的意義。

四、社會的健康規劃

爲老年人的生活經驗及社會參與，注入生命意義感的元素，協助高齡學習者自我探索生命價值，追求生命成長和自我超越。做到凡事感恩，服務人群，不存貪念，突破人性的弱點，超越自己。老年期之健康規劃發展任務爲自我整合，就是要做到「活得老也活得好」。

年長者脆弱的心理社會狀態，可能因爲收入有限，爲了省錢而吃得太少。再者年長者若是獨居或是獨自進食，可能不覺得準備餐點是有趣的，也很難享受用餐時光（伊甸社會福利基金會，2015）。

聯合國大會在1991年通過的「聯合國老人綱領」（The

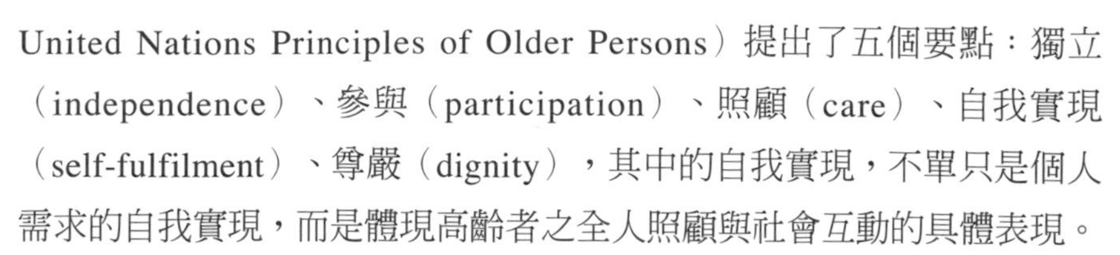

United Nations Principles of Older Persons）提出了五個要點：獨立（independence）、參與（participation）、照顧（care）、自我實現（self-fulfilment）、尊嚴（dignity），其中的自我實現，不單只是個人需求的自我實現，而是體現高齡者之全人照顧與社會互動的具體表現。

從照顧服務中發展代間方案，其社會價値爲促進世代連結。代間活動方案提供聚會機會，聚焦方案課程及活動設計。在高齡學習中，結合年輕世代互動學習，對未來的高齡身心靈健康提升，注入一股新的發展潮流。

貳、老年人健康飲食

根據台灣地區老人營養狀況調查（1999～2000）的結果顯示，我國老年人的飲食營養知識不佳，尤其是對「疾病與飲食營養的關係」觀念較爲缺乏。針對老年人的飲食調查結果發現，三分之一至二分之一的社區老年人健康問題，多源自於營養攝取不足，尤其是維生素B_6、B_{12}、C和E，以及礦物質鎂、錳、鐵、銅等。老人營養不良的因素有下列幾點（伊甸社會福利基金會，2015）：

1.新陳代謝速率降低，進而食慾減少。

2.患有骨關節疾病或因中風而不良於行的長者，會因運動量太少導致食慾降低。

3.慢性病沒有發現及治療，例如糖尿病、甲狀腺功能低下、心臟衰竭、末期腎臟疾病。

4.罹癌症長者因長期化學治療法、放射線治療，導致吃不下，甚至還嘔吐、腹瀉、脹氣，全身軟弱。

5.慢性疾病患者因爲長期使用多種藥物，藥物的作用與副作用加總後，更加抑制食慾。

6.貧窮、社會紛亂、家庭衝突、經濟蕭條、天災與人禍、社會基礎建設不足等，造成獨居老年人孤立，導致食物不能連續供應。

7.身障、失能及依賴心理。

8.雖與子女同住，上班族子女忽略了老年人的飲食與營養。

9.口腔及牙科問題。

10.許多質地較結實的蔬菜、五穀與肉類，會因不容易咀嚼而避開，之後大多只吃流質與加料食物。

11.教育失效，造成多吃了加工食品，而提高熱量密度，減少了營養密度，例如喝市售果汁，而不吃水果；或吃麵包或點心當正餐。因此老年人照顧上應多注意六大營養素及營養密度，來改善營養不良。

12.治療飲食的問題，國內慢性病比較常用禁止與限制的方式衛教，而未針對個人作量身客製的建議，所以造成許多文化上或個人的習慣未得到尊重。例如有關節痛，就不吃豆類，結果吃下更多調味食品，素食者甚至必需胺基酸都不足，或有多重慢性病，就更加限制飲食，其實均衡營養可以幫助痛風與高尿酸血症者恢復健康。

13.訛傳的禁忌更是五花八門，多數糖尿病人誤以為不吃糖就可以控制病情，結果卻吃下過多的鹹餅，造成膽固醇與血糖飆高。

14.電視廣告與熟人直銷的力量，遠大於醫師、營養師的衛生教育力道。

15.因為預算的限制，認為花費在飲食的預算越少越好，還有醫院、安養機構的餐飲常不夠好吃。

16.餐飲管理人員訓練不足，以及不知上一代的人吃什麼，所以做出不好吃或不合老年人口味的食物。

17.民間相傳教導庶民飲食要禁慾，常常會忽略老年人的飲食權。

18.主持的營養師與院長，對服務與美食的瞭解，決定了機構老年人的營養與幸福感。

19.太相信商售的營養補充品，忽略食物滿足口慾與創造幸福感的重要。

日本近年來把一人獨自調理餐食（食事難民）、無法出門購買物品且需要宅配服務（買物難民）等老年人生活需求，在社區裡規劃了送餐、共餐、購物宅配工作站等會員制服務，讓老年人在家也可以擁有有品質的生活，也促進了老人宅經濟的發展前景。伊甸基金會從2013年開始，特地從日本購入多本「介護食」食譜及調理包進行研究，開發「頤養食系列」菜單，希望實現長者能重拾：

1.食的尊重：溫柔的眼神和服務態度讓他們能感受到「尊重」。

2.食的尊榮：使食物有豐富多元的美味，以體會到「尊榮」。

3.食的尊嚴：讓他們能自行決定，回復他們能自由選擇的「尊嚴」。

身障者的用餐方式，輔具的協助，餵食者的細心，都可以讓身障者在飲食的同時提升健康。視覺障礙者的用餐協助，可以用時鐘盤擺放方式，視覺障礙者可以知道哪個位子的食物是冷的或熱的（ユーキャン介護福祉士試験研究会，2016）。

老年人大多咬不動食物，所以多以軟食或流質爲入口餐食，但入口餐食除了每一口都要營養均衡之外，五官的感受是介護食發展的原因之一。食物吃起來口感要好，擺盤看起來有設計感，食物聞起來就想品嚐，整個用餐氛圍讓幸福感倍增，這就是頤養食發展的初衷。

一、頤養健康介護食

老年人喜歡的食物，因種族、文化背景差異而不同。例如台灣阿嬤與榮民老兵喜歡的飲食就有很大差異。一個是不吃辣，喜歡喝湯湯水水，與白飯佐醬瓜燉物；一個是吃大碗乾麵或加辣椒的下飯菜。頤養食譜備餐的方向，以健康、安全、美味、幸福，增加多樣化的餐食選擇，當地、友善、易取得之食材，營養內容符合個案需求，以原形、軟、泥、流狀態爲主（伊甸社會福利基金會，2015）。

(一)健康、安全、美味、幸福

製作給人幸福感的美食是健康照顧備餐服務第一要務。有一個乾淨、安靜、整齊、溫暖適中的用餐環境，注重食物的色香味與擺盤，隨著時令變化食材，創造一些季節的故事，使用藝術的餐具，長者的胃口自然而然就會逐漸開朗。在健康、安全的前提下，不只要美味，擺盤也要好看，才能以色、香、味、形俱全的美味餐食來吸引食用者，發自內心產生對「食」的期待；從不想吃到享受吃；從困難食到自在食，讓「用餐」成爲每日最幸福的時光。

(二)增加多樣化的餐食選擇

將一般的餐食，如滷肉飯、油蔥雞等，做成易咀嚼的樣態，而「非」一般常見軟食料理，如茶碗蒸、蘿蔔糕、碗粿等，使長者有更多樣化的選擇，以達到均衡的營養。

(三)當地、友善、易取得之食材

以台灣當地友善食材，做出符合台灣人口味的軟食餐，並儘量以長年及日常生活中易取得的食材爲主，避免買不到食材的窘境；排除如魚翅、鮑魚、鵝肝醬等高價食材。因以「健康」爲首要原則，故食材盡量選擇有機新鮮的蔬果、品質好的油（如冷壓初榨橄欖油）、調味料等。

(四)營養內容符合個案需求

請營養師對國人最常見的三種慢性病（糖尿病、高血壓、腎臟病）做食譜的調整建議，如某道菜對高血壓患者可減少什麼調味料，對糖尿病患可用什麼菜替換不適的配料等。

(五)以原形、軟、泥、流狀態為主

長期吃無咀嚼的食物，其口腔功能退化更快，且多數長者亦不愛吃全泥狀的餐（因無法刺激食慾）。故伊甸研發團隊儘量保持食材原形，開發軟、泥、流三種不同質地的食譜互相搭配，使長者看了想吃，且能有咀嚼的動作，幫助口腔復健訓練。我們可以依進餐者的牙齒、咀嚼、吞嚥等狀況，利用不同的製作技巧，製作出不同質地的食物，協助進食。「軟」是只需用餐具壓碎或咀嚼即可吞下的食物，如：燉爛的牛腩、蒸魚等，而「泥」是只稍微加咀嚼即可吞嚥，如熟香蕉、豆腐等，「流」則不須咀嚼即可吞嚥，如麵茶、藕粉羹等。

爲長者配餐，需先考量長者身體的狀況、飲食習慣、食材的選擇與料理、餐具與碗盤、用餐的環境布置、與進食者產生良好互動，才能凝聚快樂用餐的環境（伊甸社會福利基金會，2015）。

二、長者身體的狀況

有時因爲疾病的特殊影響、認知狀況、食慾、牙齒、坐姿、平衡能力、吞嚥能力、上肢動作能力，或過去有很多的生活習慣不同，對食物的喜好不同等，都是需要考慮的狀況。

三、長者的飲食習慣

對於食物的喜好，還包括長者自己對食物在口腔的感受，有時並不是食物的本身，而是口腔內的感受不同，造成對酸甜鹹苦的比重相

對重要，長者吞食咀嚼後有幸福的感覺，才會讓長者有想吃下一餐的期待。

四、食材的選擇與料理

依長者需求提供軟硬不同的質地，也適當地透過配色以及口感的調整來引發食慾，盡量兼顧營養、安全並合乎長者的喜好來設計；食材要打成泥狀再形雕塑，有時真不是一般備餐者能力所及，甚至要開班授課再教育；所謂食物就有其香味及獨特味道。例如九層塔可以煎蛋，也是羹湯的佐料，其味道總有適合的菜餚，但並不是每樣菜都適合。

五、餐具與碗盤

具美感又實用的餐具，將使長者愉悅進食。依照長者的喜好、身體功能的需求，採取較容易舀起的容器或是較易抓握的湯匙及筷子。常見的容器類輔具有斜口杯、止滑墊、吸盤式碗盤、吸管固定架、改良式省力筷、雙把手水杯等。

六、用餐的環境布置

(一)桌椅與進食的環境、氣氛

1.室內的照明需足夠，大約在300燭光以上、500燭光以下，且通風須良好，有時因食物味道或長期清潔所造成的味道，往往都會影響長者用餐的食慾。

2.地面以防滑的材質爲優先考量，須注意動線的安排，因很多長者多屬行動不便，有人攙扶或有志工安排解決，以避免造成取餐問題。

3.進食的姿勢會影響長者進食的效率與安全。

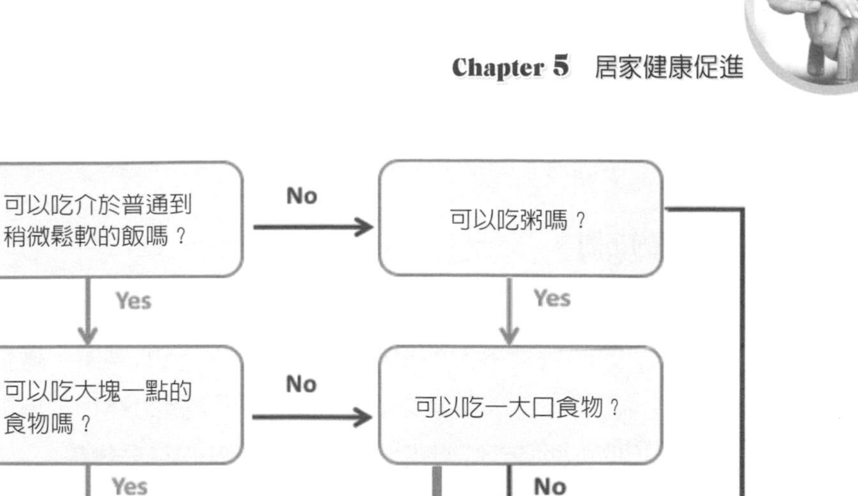

圖5-2　咀嚼分類法

資料來源：整理自Foricafoods Corporation (2014).

(1)使用木質桌椅，高度適中。

(2)最好用餐桌進食，以維持姿勢的正確性。

(3)雙腳踏穩地面。

(4)維持正確穩妥的姿勢。

4.營造好的用餐氣氛，像是家人一同用餐，或是空氣中有著食物的香味。

(二)餐廳的布置

餐廳是進餐的專用場所，選擇暖色調，像是棕、杏色、淺珊瑚紅，會比較有溫馨的感覺。要避免使用像是灰、芥末黃、紫或青綠色，在視覺上會影響到長者的胃口。可以放一些溫馨的裝飾品，但要避免太重、太硬或尖銳的裝飾品。

(三)餐桌的布置

餐桌的形狀對家居的氛圍有一些影響。長方形的餐桌適用於較大型的聚會；圓形餐桌令人感覺親和的氣氛；不規則桌面，適合兩人小天地，顯得溫馨自然。可以在餐桌上插一束美麗的鮮花，原則上無氣味較佳，因爲有些長者呼吸道容易過敏，或以假花來代替。

七、與進食者產生良好互動

(一)照顧者的能力

1.照顧者必須瞭解高齡者的需求與喜好。

2.照顧者一邊餵食，一邊告訴長者所吃的食材，必要時給予協助，應鼓勵長者獨立完成。

3.保持用餐環境之清潔，若不慎掉落，須隨時處理。

4.照顧者須多瞭解長者的背景或經歷，可多與長者的家人聊天，並注意長者最不開心的人事地物，盡量避免。

(二)口腔清潔

用餐後可飲用溫水，給予口腔之照護，並保持臉部之清潔。

(三)餵食者的態度表現

1.餵食者的表情要保持微笑、眼光柔和。

2.餵食者要有每天都是在高級餐廳工作的專業精神，並且熱愛自己的工作，才可以樂在其中。

3.餵食者一定要經過專業訓練，避免有不耐煩的動作與表情。

八、烹飪原則

(一)看得見、聞得到、吃得安心

將食材打成泥狀或切細碎，再塑形成其原狀、裝飾擺盤的技巧，保留食物原有的顏色、香味、味道與溫度，同時能讓老年人安全的夾起塊狀食物，順利放入口中，享受咀嚼與吞嚥的樂趣。

(二)少量多樣混搭，均衡攝食

藉由頤養食示範的料理作法，將大大縮減食材的局限，並不是本身質軟的食物才適合做成頤養食。

(三)食材挑選

哪些食物適合作頤養食料理？運用四季盛產的食材，就可以做出健康、美味的頤養食。

參、認知功能退化對飲食的影響

以失智症為例，介紹認知功能退化對飲食的影響，可以從飲食失調的因素，營養不足和體重減輕的發生與變化、營養不足和體重減輕的後果而看（伊甸社會福利基金會，2015）。

一、飲食失調的因素

1.大腦受損：控制食慾與進食的大腦區域受損，造成厭食。

2.認知障礙：

(1)因為失智而忘記進食。

(2)因為執行功能下降，而不會使用器皿或是烹調食物。

(3)失語症和溝通障礙使得患者不會要求進食，或是表達飢餓。

(4)因為做決定的能力降低，對食物的選擇變得遲鈍、減少進食。

3.精神症狀：

(1)情感淡漠使得對食物的興趣減少。

(2)憂鬱心情與厭世有關。

4.行為症狀：

(1)激動、攻擊、敵意會導致令人不悅的進食行為，也讓家人或照顧者不能或不願意提供食物。

(2)性格變化可能會改變患者對食物的態度和飲食的偏好，令人難以捉摸。

5.感官功能：嗅覺失調會影響味覺，並降低食慾。

6.口腔衛生：牙齒脫落、牙齦問題、假牙不合、口腔潰瘍或感染等等影響咀嚼，或是造成疼痛而阻撓進食。

7.動作障礙：患者可能因為漫遊行為而漏掉或是中斷進食，使得進食時間明顯減少。此外，漫遊會增加身體耗能，而使得體重減輕。

8.社會因素：

(1)用餐是一種社交活動，當失智症患者需要被餵食時，常常被排除在外。

(2)獨居、貧窮、低社經地位會影響食物的取得和營養品質。

二、營養不足和體重減輕的發生與變化

臨床失智評量表（Clinical Dementia Rating, CDR）每增加1分，體重約降低1公斤。長期追蹤發現，早在認知功能衰退之前幾年，失智症患者的體重就逐漸減輕，也許是與大腦受損而降低食慾和能量調節有關。

三、營養不足和體重減輕的後果

失智症的整體預後，也會因爲過少的身體質量而使得跌倒與骨折風險增加，而褥瘡和感染顯著惡化。營養不足的失智症患者可能會提早進入機構，更常住院，住院時間也較久。換句話說，體重明顯減輕的失智症患者的存活時間較短。

照顧者要耐心地與年長者溝通，瞭解其感受，變換不同口味與質地來滿足他們的需求，就是用「心」煮出「愛」的食物。**表5-1**日本介護食區分表，將質地區分四種類型。在備餐服務時，以三多料理營養原則，可以作爲遵循原則。

(一)多種類

每天的食物要均衡來自六大類食物（奶類、全穀根莖類、豆蛋魚肉類、蔬菜類、水果類、油脂類），並在每一大類食物中選擇不同種

表5-1　日本介護食區分表

	質地區分			
區分	1 容易咀嚼	2 可用牙齦咀嚼	3 可用舌頭咀嚼	4 無須咀嚼
咀嚼力指標	不太會吃硬的、大的食物	不太會吃硬的、大的食物	需弄小一點、軟一點才會吃	固形物再小也不會吃
主食	白飯～軟的白飯	軟的白飯～粥	粥	糊狀粥
主菜	燉豬肉塊	軟爛的漢堡肉	碎雞肉	雞肉泥
主菜副菜	烤魚	煮魚	燉魚	魚肉泥
	厚玉子燒	湯汁玉子燒	炒蛋	軟嫩無添加茶碗蒸
	燉紅蘿蔔	燉紅蘿蔔（一口吃的大小）	燉碎紅蘿蔔	紅蘿蔔泥
甜點	燉蘋果	燉蘋果（一口吃的大小）	燉蘋果（須搗碎）	柔軟的蘋果果凍

資料來源：張哲朗（2005）；代居眞佑子、坂齊おさ子（2009）。

類的食物，如白飯換成十穀飯、滷牛腱換成彩椒牛肉、炒青菜換成炒什錦蔬菜，油則可換成核桃、腰果、酪梨等，來達到攝取多種類營養素來源的目的。

(二)多變化

利用不同食材的搭配，做到顏色變化、不同調味料、香料的搭配做到味道變化、不同烹調法的搭配做到口感變化，來達到口味多變化的目的。

(三)多美味

要讓食物美味，有幾個原則可以避免食物單調或避免變成大雜燴味道。

1.儘量以原味供應，讓吃的人知道自己吃什麼。
2.一道菜有一個特色味道，才能感受有味道的變化，例如咖哩等。

健康，不只對自己，也對旁人，所以我們吃得健康、關心他人、熱愛自然、追求身心成長。若能啓發更多人過「樂活」生活，社區會變得更快樂，世界會變得更美好。老年人對健康規劃的最高原則，就是對生活的反省，就是愛自己、愛地球。

第二節　健康操運動

老人健康操運動，在台灣有非常多種，從氣功、讚美操、笑笑功、拍打功，到瑜伽、健走等，在公園裡時常可見。健康操運動在操作之前，做暖身操也是很重要。日本在放送大學及其他電視頻道的節目，也會有健康操帶領的節目，讓老年人在家中，也可以做居家健康

操運動。暖身操的操作方式如下：

1.頸部左右伸展：

左手放在頭部右側，左手把頭往右輕拉（4拍）

右手放在頭部左側，右手把頭往左輕拉（4拍）

2.肩部環繞：

手臂呈弓字型，置於肩上，以肩膀為中心，手臂向前繞圓圈

手臂呈弓字型，置於肩上，以肩膀為中心，手臂向後繞圓圈

3.腰部環繞：

雙手插腰，腰臀部向左繞圈

雙手插腰，腰臀部向右繞圈

4.體側左右伸展：

左手插腰，右手臂抬起置於頭頂上，向左輕壓

右手插腰，左手臂抬起置於頭頂上，向右輕壓

5.膝部環繞：

雙腳微彎，雙手放在膝蓋上，向左繞

雙腳微彎，雙手放在膝蓋上，向右繞

6.手腕腳踝環繞：

雙手置於胸前，手腕往上繞，右腳尖著地，腳踝向右繞圈

雙手置於胸前，手腕往下繞，左腳尖著地，腳踝向左繞圈

表5-2提到介護預防的目的及體操、執行場所的運動內容，運動要素和具體的運動機能的對應關係，對老年人來說，適度的運動強度表現在快步走的強度程度。例如跌倒預防能力，可以訓練平衡感維持，來減少跌倒的風險。

表5-2　介護預防的目的及體操、執行場所的運動內容

	運動要素	具體的運動機能
1	適度的運動強度	快步走的強度程度
2	關節可動的確保	關節大動作的運動
3	筋力的維持	腕、腳、體幹部的筋力鍛鍊運動
4	跌倒預防能力	平衡感維持，何時滿足踏力及休息
5	複合的動作能力	一直運動同時進行的調整力
6	全身持久性能力	數分間運動持續

資料來源：高橋元、光多長溫（2012）。

壹、數字健康操

數字健康操十分有趣，除了有健康操的運動之外，加上口語練習，和顏色五官刺激，對老年人身體健康及活化腦部記憶，十分有幫助。

1.準備有顏色的踏板或框，每個人準備一個不同的顏色。

2.踏步的時候，要一邊踏一邊唸數字，可以用國語、台語、日語、英語或長者熟悉的語言。一二三四五六七八。

3.首先，在數字框中踏步，不要踩出框外。手要跟著擺動。唸一到八，共二次。

4.接著，數一二三四的時候，一爲左腳在前面框外，二爲右腳在框內，三爲左腳在框內，四爲右腳在框內。

5.再換數一二三四的時候，一爲右腳在前面框外，二爲左腳在框內，三爲右腳在框內，四爲左腳在框內。

6.接著，練習左腳往後。數一二三四的時候，一爲左腳在後面框外，二爲右腳在後面框內，三爲左腳在框內，四爲右腳在框內。

7.練習右腳往後。數一二三四的時候，一爲右腳在後面框外，二

爲左腳在後面框內，三爲右腳在框內，四爲左腳在框內。

8.接著，練習左腳往左。數一二三四的時候，一爲左腳在左邊框外，二爲右腳在框內，三爲左腳在框內，四爲右腳在框內。

9.接著，練習右腳往右。數一二三四的時候，一爲右腳在右邊框外，二爲左腳在框內，三爲右腳在框內，四爲左腳在框內。

10.接著，練習左腳往前。及練習右腳往後。數一二三四的時候，一爲左腳在前面框外，二爲右腳在框內，三爲左腳在框內，四爲右腳在框內。五爲右腳在後面框外，六爲左腳在框內，七爲右腳在框內，八爲左腳在框內。唸到八的時候，要合掌拍手一次。

11.最後一次，比較困難。

(1)重複3。

(2)重複4。

(3)重複5。

(4)重複7。

(5)重複8。

(6)重複3。

(7)重複6。

(8)重複7。

(9)重複3。

(10)數一二三四的時候，一爲左腳在前面框外，二爲右腳在前面框外，三爲左腳在框內，四爲右腳在框內。五到八再一次，唸到八的時候，要合掌拍手一次。

(11)數一二三四的時候，一爲右腳在後面框外，二爲左腳在後面框外，三爲右腳在框內，四爲左腳在框內。五到八再一次，唸到八的時候，要合掌拍手一次。

貳、樂齡體智能健康操

樂齡體智能健康操是以樂活氧生引導樂齡健康，其設計理念爲結合健康操與身心靈健康二合一的運動，在做體智能健康操之前，暖身十分重要，除了避免運動傷害，也協助身體筋骨柔軟後，再進行健康操。樂齡體智能健康操分成坐式、站式及臥式三種，每種皆有其指導原則。樂齡體智能健康操不單單是活躍老化之樂齡運動，也將健康操運動與身心靈健康連結，在超越老化的過程中，享有生理與心理健康，達到成功老化的目標。

一、樂齡體智能健康操坐式指導與步驟

坐式的操作方式，可以在椅子上執行，座椅須考量安全性，若是坐在像輪椅一樣，有輪子會滑動時，需先固定輪子，避免危險發生。操作時心情放輕鬆，時時提醒自己以喜樂之心來面對及克服身體及心理的問題。樂齡體智能健康操坐式有十二項，包括手指張合伸展、臂腕內外伸展、雙腳連續抬膝、坐著走路、踮腳雙手投籃、屈肘擴胸、左右划船、雙手掌反轉交叉、拳擊腳踢、踮腳單手向前推、雙手掌向下壓腳開合、呼吸調節。

(一)手指張合伸展

1.手臂呈弓字型向外打開，雙手手指弓字型，像抓住一顆球一樣。
2.雙手手指合在一起。
3.重複動作1。
4.重複動作2。
5.雙手手腕往外往上轉。
6.雙手手腕往內往下轉。

7.重複動作5。

8.重複動作6。

(二)臂腕內外伸展

1.手臂呈弓字型向外打開，左手在下，右手在上（平行）。

2.手臂呈弓字型向外打開，右手在下，左手在上（平行）。

3.重複動作1。

4.重複動作2。

5.雙臂展開90度，掌心向內。

6.手臂呈弓字型向外打開，左手在下，右手在上（平行）。

7.重複動作5。

8.重複動作6。

(三)雙腳連續抬膝

1.雙手扶在椅子上，雙腳往上提。

2.雙腳往下放（不著地）。

3.重複動作1。

4.重複動作2。

5.重複動作1，身體坐正，不要往前傾。

6.重複動作2。

7.重複動作1。

8.重複動作2。

(四)坐著走路

1.抬右腳，雙手握拳，左手往前提。

2.抬左腳，雙手握拳，右手往前提。

3.重複動作1。

4.重複動作2。

5.重複動作1。

6.重複動作2。

7.重複動作1。

8.重複動作2。

(五)踮腳雙手投籃

1.雙手掌心向外，放在身體兩側。

2.雙腳踮腳尖，腳後跟不著地，雙手掌心向外，往上推。

3.重複動作1。

4.重複動作2。

5.重複動作1。

6.重複動作2。

7.重複動作1。

8.重複動作2。

(六)屈肘擴胸

1.雙手握拳，放在胸前。

2.雙手臂與雙腳一起開合，腳尖向前（腳不要變成外八）。

3.重複動作1。

4.重複動作2。

5.重複動作1。

6.重複動作2。

7.重複動作1。

8.重複動作2。

(七)左右划船

1.雙手握拳，像握划槳一樣。雙手往左，雙腳往右（身體自然向前傾）。

2.雙手雙腳一起動作，雙手往右，雙腳往左。

3.重複動作1。

4.重複動作2。

5.重複動作1。

6.重複動作2。

7.重複動作1。

8.重複動作2。

(八)雙手掌反轉交叉

1.雙手十指交扣，放在胸前。

2.雙手掌往前往外推，雙腳交叉。

3.重複動作1。

4.重複動作2。

5.重複動作1。

6.重複動作2。

7.重複動作1。

8.重複動作2。

(九)拳擊腳踢

1.右手握拳，往前拳擊，左腳往前踢，右腳腳掌不離地。

2.左手握拳，往前拳擊，右腳往前踢，左腳腳掌不離地。

3.重複動作1。

4.重複動作2。

5.重複動作1。

6.重複動作2。

7.重複動作1。

8.重複動作2。

(十)踮腳單手向前推

1.右手掌掌心向外往前推，左手握拳，踮左腳尖，右腳腳掌不離地。
2.左手掌掌心向外往前推，右手握拳，踮右腳尖，左腳腳掌不離地。
3.重複動作1。
4.重複動作2。
5.重複動作1。
6.重複動作2。
7.重複動作1。
8.重複動作2。

(十一)雙手掌向下壓腳開合

1.雙手十指交扣，放在胸前。
2.彎腰雙手掌往下壓，雙腳往外打開。
3.重複動作1。
4.重複動作2。
5.重複動作1。
6.重複動作2。
7.重複動作1。
8.重複動作2。

(十二)呼吸調節

1.雙手交叉，置於胸前。
2.3.雙手慢慢往上，像畫個圓圈，慢慢地吸氣。
4.雙手交叉置於最高點。
5.雙手交叉置於最高點（反轉往下）。

6.7.雙手慢慢往下，慢慢地吐氣。

8.雙手回到原來的位置。

二、樂齡體智能健康操站式指導與步驟

站式的操作方式，可以在雙手展開後之可達空間內執行，平時可在家中或富含氧氣的山上操作。操作時心情放輕鬆，時時提醒自己以感恩之心來迎接及感謝每天所經歷的人、事、物。樂齡體智能健康操站式有十二項，包括：(1)頸部伸展，前後左右；(2)臂腕伸展，前後左右；(3)立姿轉體，左右；(4)前後推肩；(5)彎腰腿後伸展；(6)前後繞肩；(7)踮腳手向上推；(8)左右扭腰；(9)左右踏前蹲；(10)手舉前後抬腿；(11)雙膝屈蹲；(12)呼吸調節。

(一)頸部伸展，前後左右

1.雙手插腰，頭往下看。

2.頭回正，眼睛直視前方。

3.雙手插腰，頭往上仰。

4.頭回正，眼睛直視前方。

5.雙手插腰，頭往左轉。

6.頭回正，眼睛直視前方。

7.雙手插腰，頭往右轉。

8.頭回正，眼睛直視前方。

(二)臂腕伸展，前後左右

1.兩手手指交扣，掌心朝外推，往前推。

2.手掌往上推（回正），身體要保持直立。

3.往後推。

4.手掌往上推（回正），伸展並放鬆全身。

5.往左推。

6.手掌往上推（回正）。

7.往右推。

8.手掌往上推（回正）。

(三)立姿轉體，左右

1.雙手插腰，往左側轉。

2.回正。

3.雙手插腰，往右側轉。

4.回正，放鬆腰部的肌肉。

5.重複動作1。

6.重複動作2。

7.重複動作3。

8.重複動作4。

(四)前後推肩

1.雙手插腰，雙肩向前推。

2.回正。

3.雙手插腰，雙肩向後推。

4.回正。

5.重複動作1。

6.重複動作2。

7.重複動作3。

8.重複動作4。

(五)彎腰腿後伸展

1.雙腳打開與肩同寬，膝蓋放鬆。

2.身體慢慢往下彎腰。

3.雙手抱著腳踝，數四拍（第一拍）。
4.第二拍。
5.第三拍。
6.第四拍。
7.身體慢慢往上回正。
8.身體回到最一開始的位置。

(六)前後繞肩

1.雙手自然下垂。
2.以肩膀爲圓心，雙手臂向前繞圈。
3.4.雙手臂回到最初的位置。
5.雙手自然下垂。
6.7.以肩膀爲圓心，雙手臂向後繞圈。
8.雙手臂回到最初的位置。

(七)踮腳手向上推

1.雙手指交扣，掌心向自己，放在胸前。
2.掌心向外往上推，踮雙腳尖。
3.重複動作1。
4.重複動作2。
5.重複動作1。
6.重複動作2。
7.重複動作1。
8.重複動作2。

(八)左右扭腰

1.雙手插腰，臀部往左斜前推扭（注意只動腰部、臀部）。
2.臀部往左斜後推扭。

3.臀部往右斜前推扭。

4.臀部往右斜後推扭。

5.重複動作1。

6.重複動作2。

7.重複動作3。

8.重複動作4。

(九)左右踏前蹲

1.左腳往前踏（腳掌著地），右腳尖著地。

2.雙腳往下蹲（左膝不超過左腳尖）。

3.右腳往前踏（腳掌著地），左腳尖著地。

4.雙腳往下蹲（右膝不超過右腳尖）。

5.重複動作1。

6.重複動作2。

7.重複動作3。

8.重複動作4。

(十)手舉前後抬腿

1.右手往前伸直，左腳抬腿。

2.左手往前伸直，右腳抬腿。

3.右手往前伸直，左腳往後抬（注意平衡，不要晃動）。

4.左手往前伸直，右腳往後抬（注意平衡，不要晃動）。

5.重複動作1。

6.重複動作2。

7.重複動作3。

8.重複動作4。

(十一)雙膝屈蹲

1.雙腳打開與肩同寬，膝蓋放鬆。

2.雙手輕輕地交扣，放在胸前。雙腳往下蹲，屁股往後坐（膝蓋不超過腳尖）。

3.重複動作1。

4.重複動作2。

5.重複動作1。

6.重複動作2。

7.重複動作1。

8.重複動作2。

(十二)呼吸調節

1.雙手交叉，置於胸前。

2.3.雙手慢慢往上，像畫個圓圈，慢慢地吸氣。

4.雙手交叉置於最高點。

5.雙手交叉置於最高點（反轉往下）。

6.7.雙手慢慢往下，慢慢地吐氣。

8.雙手回到原來的位置。

三、樂齡體智能健康操臥式指導與步驟

臥式的操作方式，可以在床上或墊子上執行，跟瑜伽的部分動作有類似運動效果，配合深呼吸操作較能達到放鬆的目的。根據美國自我療癒按摩療程（self healing massage therapy）的操作原則相同，都是當操作時感到痠痛時，就以深呼吸方式吐氣，這樣可以減輕操作過程中的痠疼感。

1.眼窩：眼睛閉起，用大拇指指腹輕揉眼窩，舒緩眼壓。

2.耳：用大拇指和食指輕揉耳朵及用食指及中指輕揉耳朵兩側。

3.腳裸：雙腳伸直，腳裸向外側旋轉，再向內旋轉。

4.踩腳踏：雙腳抬起，微彎，以踩腳踏車的動作操作，放下。

5.抬腳：單腳抬高，用手協助支撐，再換腳，放下。

6.抱膝：雙腳彎曲至雙手可環抱，再雙腳抬高，重複動作三次。

7.抬臀：雙腳微彎起，腳底撐住，抬臀，放下。

8.按腳：右腳彎起，左腳跨在右腳上，用手揉按小腿，再換腳。

9.揉肚：左手握右手，用右手掌以畫圓方式輕揉肚子，再畫八字形。

10.手伸直：手打直，靠在頭兩側，配合深呼吸吐氣，手收回時吸氣配合。

11.胳肢窩：右手揉左手手臂與胳肢窩，換邊。

12.深呼吸：全身放鬆，專注於深呼吸，吸氣吐氣間，心情平靜愉悅，將今日一切，以感恩的心面對，提醒自己要保持喜樂的心，注意身體健康及疾病預防。

躺式爬起時，爲了避免受傷，可以用以下方式。其他「體操大全集」，可參考網站www.songenshi-kyokai.com。步驟說明如下，可參考**圖5-3**之躺式爬起法。

1.躺在床上，翻身，爬起。

2.坐著，身體向前30度，屁股提高，站起。

3.在地板上站不起，跪在地板上，右腳彎起。

4.兩手支撐，屁股提高，站起。

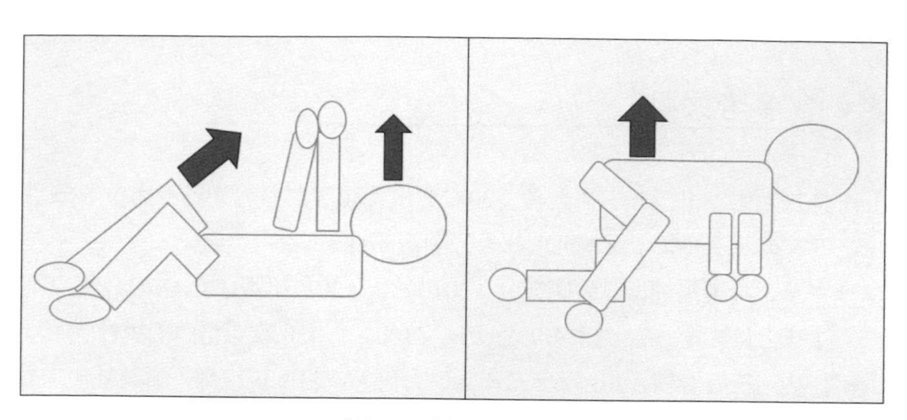

圖5-3　躺式爬起法

備註：樂齡體智能健康操由伊甸基金會附設迦勒居家照顧服務中心陳美蘭專案督導及蘇福全督導助理設計及許詩妤督導助理提供講義文字。

參考文獻

トータルセカンドライフ研究會（2012）。《40歳から考えるセカンドライフマニュアル》。日本東京都：勞働新聞社。

ユーキャン介護福祉士試驗研究会（2016）。《2017年版U CANの介護福祉士まとめてすっきり!よくでるテーマ100》。東京都：自由國民社。

大田仁史、三好春樹（2014）。《新しい介護》。日本東京都：講談社。

代居真佑子、坂齊おさ子（2009）。《頤養食的知識》。東京：誠文堂新光社。

伊甸社會福利基金會（2015）。《頤養・好食：易嚼、美味的頤養食譜》。台北市：伊甸基金會。

高橋元、光多長溫（2012）。《超高齢社會》。日本東京都：中央經濟社。

許君強（2011）。《社區健康促進》。台北市：台灣健康促進暨衛生教育學會。

陳美蘭（2015）。《老人居家健康照顧手冊》。新北市：揚智文化。

陳美蘭、洪櫻純（2015）。《老人身心靈健康體驗活動設計》。新北市：揚智文化。

鈴木隆雄（2012）。《超高齢社會の基礎知識》。日本東京都：講談社。

Foricafoods Corporation（2014）。〈目安として,「分1~4」で 分けしました〉（網站圖片），https://www.foricafoods.co.jp/column/images/udc.jpg

張哲朗（2005）。〈日本高齡者食品的發展現況〉，https://www.gmp.org.tw/oldpeopledetail.asp？id=110

衛生福利部（2017）。〈2017年台灣全球健康論壇 透過感動、行動、全面推動——全球永續發展目標（SDGs）實踐工程：I AM SDGs實踐者〉，https://www.mohw.gov.tw/cp-16-37817-1.html

Chapter 6

團體活動設計

陳美蘭、許詩妤

學習重點

1.活動方案設計與評估

2.高齡活動設計實作範例

3.志工招募與關懷活動

社會工作裡面，社工員扮演著很重要的活動設計規劃者及執行者的角色，在學校中瞭解並學習團體活動設計，可以應用在督導工作中。社工的碩士學位幫助學生為個案工作、諮商、社區處遇、社會政策與計畫、研究與發展、行政管理做廣泛的準備。社工的工作層面較諮商廣泛，著重於發展處遇的技巧（黃慈音譯，2013）。而接受督導實習也是社工服務養成教育之一。在志願服務中，活動設計的執行機率更高，志工隊員的活動設計養成教育，對訪視服務等助人者的工作，有顯著影響。

老年人團體活動設計實施之基本原則，包括尊重個體、發揮潛能、考量體能及安全原則。高齡活動帶領與成人學習及兒童學習，仍有差異。其帶領之原則不外乎為尊重老年人的尊嚴與協助其瞭解生命價值。除了滿足個人需求之外，活動設計加上專業的介入，依照個人能力，引導個體發揮潛能，最後再做評估與修正。

對於活動設計，要注意高齡學習與一般的活動設計不同，引導者必須慢慢說明活動，確認長者瞭解活動規則之後，再進行團康活動。活動進行中可以請志工協助長者瞭解活動規則，以確保活動進行之順暢。另外，稱讚和傾聽，製造歡樂的氛圍，都是提升參與度的方法。氣氛是很重要的，相見歡活動可以拉近參與者彼此間的距離。對第一次參與活動的長者，特別是相間歡的活動設計，影響著後續活動參與行為。執行前確立活動目標，才不至於讓活動偏離主題。還有，要注意給獎勵的公平性。若有音樂歌唱形式的活動，可以選擇琅琅上口懷念老歌，因可減少記憶歌詞所產生的挫敗感，同時，聚集練習可以增加互動時間，讓彼此更熟悉。

活動帶領需要準備教材，引導者必須掌握活動進行時間，避免活動進行太早或太晚結束，造成體力無法負荷的情形發生。為了讓活動順利進行，活動備案是有必要準備的，蹲或站太久的活動都不適合。要注意避免參與者受到挫折，建議以讚美的方式來進行活動，達到學習活動的最佳效果。老人活動設計必須注意參加人數，活動中需要包含休息時間，還有要注意室內的通風、光線、噪音，對於識字不多的長者，可以善用視覺性輔助工具，或者可用講故事的方式。盡量讓每一位成員都有分享的機會。讓活動的進行具有活潑性是很重要的，同時要因人、因地來適時調整內容。

第一節 活動方案設計與評估

活動方案的設計與評估，影響整個活動進行的結果。設計理念、設計架構及實施方法，是活動成功與否的關鍵。一個好的活動方案設計，不但影響整體活動的評價，對參與者而言，是提升身心靈健康的方法之一。

壹、活動方案設計

活動方案範圍很廣，例如早期的機構運用懷舊治療，讓長者在懷舊情境中，獲得身心健康的動力。而近幾年輔助療法，也在機構及樂齡學習課程中，成爲熱門話題，包括園藝輔療、音樂輔療、藝術輔療等。對老年人而言，舉凡跟健康養生相關的活動，總是最受歡迎的。在學校中，學生在做活動設計時，大多偏向動態設計，例如跟運動相關的活動，或是藉由手作課程，讓肢體與腦部思考連結。以下的示範案例提供學生及實務工作者，在活動設計前，針對活動所做的方案計畫，引導活動目標完成。其中包括活動方案緣由、活動方案目標、活動方案內容、活動方案預算。

一、活動方案緣由

以在銀髮人力資源中心開辦的「樂智就業課程」爲例，老師設計一個跟手腦協調有關的活動，來協助面試官判斷參與者的反應力。

二、活動方案目標

承接上述案例，老師除了在活動中評估效果，包括記憶力、想像力、集中力、計算力、判斷力、語言能力，也在活動中跟學員互動及增加課程趣味性。

三、活動方案內容

因爲是樂齡課程中的一個活動，因此，時間上不超過10～15分鐘爲宜，活動名稱爲「剪刀、石頭、布」，首先先用一般的猜拳方式，來決定勝負。再練習手提高的方式猜拳，來決定勝負。再練習腳的方式猜拳，來決定勝負。最後用手腳一起執行「剪刀、石頭、布」的方式，以「三戰兩勝」的方式決定贏家（參考**表6-12**活動設計8——身體猜拳，如果要搭配獎勵，可加上「施比受更有福」活動的獎勵）。

四、活動方案預算

此活動預算爲零，不用攜帶及購買任何工具，是方便、經濟又具趣味性的體驗活動。

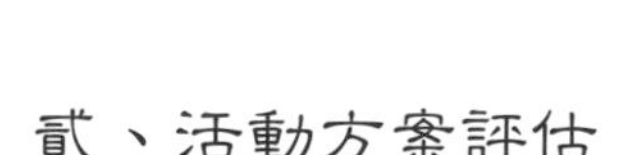

貳、活動方案評估

執行專案計畫和活動方案評估，都是活動方案中重要的環節，不論是居家照顧服務，或是機構生活照顧，照顧服務員都期待被照顧者，能夠在生活自理、溝通互動、飲食起居等方面，提升其自理能力。因此，撰寫訓練計畫並實踐專案目標，雖不容易用數字量化評估，但簡易的活動方案評估，確實可以讓活動設計執行成效，有可評估及可檢視的方法。

一、活動效果評估

照顧服務員或教保員也有爲案主或住民設計活動的工作需要，目的在提升個別機能，撰寫訓練計畫。以田島信元（2015）爲高齡者的腦設計的娛樂遊戲爲例，他以3～6人爲活動人數，每人各一張紙及一枝筆，依序用各種不同形式的文字接龍方式，接著評估效果，包括記憶力、想像力、集中力、計算力、判斷力、語言能力，如**表6-1**效果評估，評估其爲提升相同或下降。另外，人數、時間、類型，都是設計時的考量因素，不論是1人或2人以上場所，其所設計的理念及方法都不盡相同。**圖6-1**顯示活動難易度，以圖案或影像表示，也適用在活動設計前評估用。

表6-1效果評估

效果	記憶力	想像力	集中力	計算力	判斷力	語言能力
提升UP						
相同SAME						
下降DOWN						

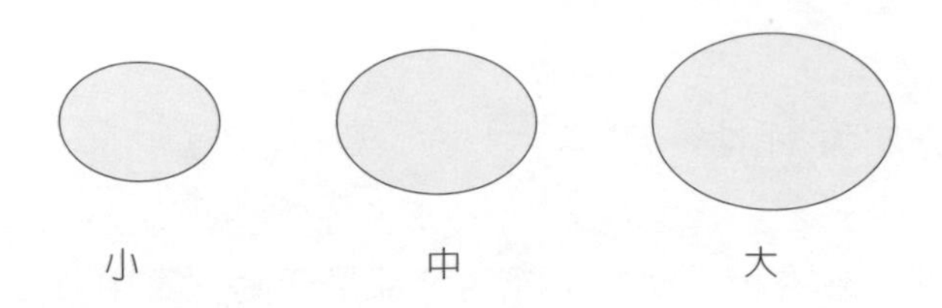

圖6-1　活動難易度

二、活動方案評估

活動方案評估可以用0～5來分別表示零、不可、可、良、優、正常（張本浩平、梅田典宏、大山敦史，2010），如**表6-2**所示。另一個評價項目，用在運動項目方面，如**表6-3**所示，包括乘車移動、移動、自我照顧、排泄控制。乘車移動又包括車子、廁所、浴槽。移動則包括步行、坐車、上階梯。自我照顧包括吃飯、整容、擦拭、更衣、如廁動作。排泄控制則包括排尿管理和排便管理。**表6-4**爲認知項目，包括社區應用程序、理解、清楚表達、社會的認知，而社會的認知又有社會交流、問題解決、記憶的部分。

表6-2　活動方案評估

號碼	英文顯示	中文顯示
5	Normal	正常
4	Good	優
3	Fair	良
2	Poor	可
1	Trace	不可
0	Zero	零

表6-3 評價項目

運動	項目
乘車移動	車子、廁所、浴槽
移動	步行、坐車、上階梯
自我照顧	吃飯、整容、擦拭、更衣、如廁動作
排泄控制	排尿管理，排便管理

表6-4 認知項目

認知	項目
社區應用程序	
理解	
清楚表達	
社會的認知	社會交流
	問題解決
	記憶

第二節 高齡活動設計實作範例

高齡活動設計分成靜態和動態兩種，在居家服務時，通常設計一對一的互動方案或認知訓練活動，在機構或樂齡課程中，則以老年人團體康樂活動爲主，而樂齡健康操最受高齡長者歡迎。以下爲老年人團體康樂活動。

壹、老年人團體康樂活動

老年人團體康樂活動設計，目標在讓老年人身心愉悅，且達到做中學的操作模式。在機構或樂齡課程中，團康活動不僅要有活力、吸引長者的參與之外，還要注意動作放慢、簡單易懂、輕鬆有趣、寓教

於樂，同時要避免競賽後產生口角的不悅等狀況發生。以下提供活動設計的示範案例。

表6-5　活動設計1——數字賓果

單元名稱	數字賓果		
適用對象	一般民衆，55歲以上長者		
活動時間	30分鐘	參與人數	5～10人
使用教材	25宮格卡10張、數字籤25支、五子棋10組、禮物		
活動目標	1.數字的認知能力。 2.讓長者在遊戲中，能夠學習與他人互動，並與他人建立人際關係。 3.透過遊戲，豐富長者的生活。		
活動流程之內容設計		時間	活動資源或器材
【開場白】 大家好，我們今天要來玩一個很好玩的遊戲，你們一定有玩過，這是大人小孩都很喜歡玩的遊戲，就是數字賓果。		2分鐘	麥克風
【學習方案1】 1.發給每位長者一人一張25宮格卡，每張宮格卡的數字排列都不同（如圖一）。 2.隨機讓某位學員喊一個數字，並依序輪流喊數字，長者將黑色或是白色的五子棋蓋在剛剛所喊的數字上。 3.5個數字連成一條直線，最先連到3條直線的人，就要說賓果。		23分鐘	25宮格卡10張 數字籤25支 五子棋10組
【統整與總結】 頒發小禮物給有連到3條線的長者。		5分鐘	禮物
評量方式			
週間作業			
課後檢討	1.若是有認知能力比較差，或是重聽的長者，可以使用數字籤，將數字籤拿到他們面前，並告訴他們喊到的數字是多少，或是讓他們找跟數字籤上一樣的數字，協助他們完成擺放五子棋的動作。 2.人數不要太多，最多10人一起進行遊戲。因為如果一次太多人參與，會有長者沒有機會喊到數字，就失去了遊戲的參與性、趣味性。		
注意事項			
參考資料	https://zh.wikipedia.org/wiki/%E7%BE%8E%E5%BC%8F%E8%B3%93%E6%9E%9C		

圖一

11	20	23	7	13
25	8	4	19	2
3	18	12	14	24
17	5	21	1	10
16	9	15	22	6

圖二

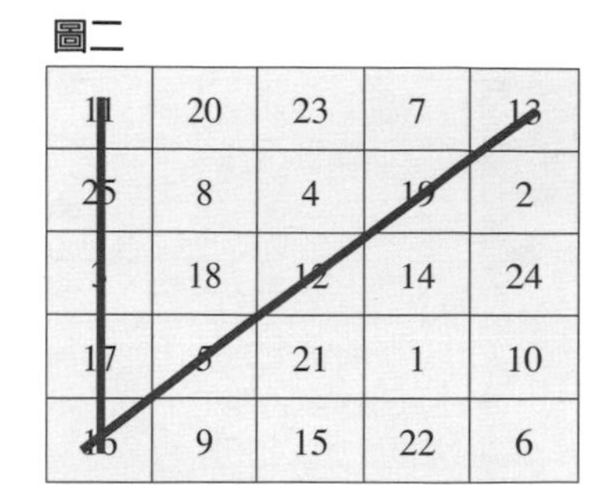

11	20	23	7	13
25	8	4	19	2
3	18	12	14	24
17	5	21	1	10
16	9	15	22	6

表6-6 活動設計2——報紙接力

單元名稱	報紙接力		
適用對象	一般民衆，55歲以上長者		
活動時間	10分鐘	參與人數	25人
使用教材	報紙、膠帶、小禮物		
活動目標	1.訓練長者的手部靈活度，手眼協調能力。 2.專注能力、團體合作能力。		
活動流程之內容設計		時間	活動資源或器材
【開場白】 大家好，我們今天要來玩報紙接力的遊戲。		2分鐘	麥克風
【學習方案】 1.將25位學員分成5組，每組5個人，以小組的方式進行競賽。 2.將報紙發給每一位學員，限時15秒，每位學員想辦法將手上的報紙撕到最長。 3.15秒到了之後，同組的學員們，限時2分鐘內，將剛剛撕好的報紙黏在一起，最後比看看哪一組的報紙長度最長，就是贏家。		6分鐘	報紙、膠帶
【統整與總結】 1.恭喜第X組的學員們，他們報紙的長度是最長的，希望你們也能像這些報紙一樣，活得很長久。 2.頒發精美小禮物給第X組的學員們。		2分鐘	小禮物
評量方式			
週間作業			
課後檢討			
注意事項			
參考資料	https://tw.answers.yahoo.com/question/index?qid=20061207000051KK01616		

表6-7　活動設計3——拯救動物大作戰

單元名稱	拯救動物大作戰		
適用對象	一般民衆，55歲以上長者		
活動時間	30分鐘	參與人數	4人
使用教材	動物模型、動物卡片、一般方舟、小禮物		
活動目標	1.空間與重量的平衡能力。 2.手部的靈活能力。 3.對動物的認知能力。		

活動流程之內容設計	時間	活動資源或器材
【開場白】 你們有沒有聽過諾亞方舟的故事呢？在災難來臨之前，我們大家一起來幫忙，把這些動物們都安全地放到方舟上，好嗎？	2分鐘	
【學習方案】 1.猜拳贏的人開始抽牌，把卡片上的動物名稱唸出來，以順時針方向進行。 2.如果抽到獅子，就把獅子的模型放到方舟上。放在方舟上的動物都要四腳著地，不可以堆疊，也不可以移動其他動物。 3.如果方舟上的動物掉到桌上，就不能再抽牌，必須把掉下來的動物放到自己面前。等到放完面前所有的動物之後，才能再繼續抽牌。 4.當牌都抽完時，開始計算自己的牌數，擁有最多牌的人獲勝。	23分鐘	動物模型、動物卡片、船舟
【統整與總結】 1.哇，好棒哦~我們幫這些動物們都順利地坐上了諾亞方舟，這樣他們就不會被大水給沖走了。 2.遊戲結束後，給每一位學員都頒發一個精美的小禮物。	5分鐘	小禮物

評量方式	
週間作業	
課後檢討	1.放完動物之後，若是其他動物倒下，沒有掉到桌上，就不用去扶正他。 2.簡單又好玩的遊戲，可以讓長者進行手部運動，而不會排斥做運動。 3.可以在遊戲的過程中，適時地給予鼓勵的話語，讓長者更加有信心。
注意事項	
參考資料	

表6-8 活動設計4——21爆爆

<table>
<tr><td>單元名稱</td><td colspan="3">21爆爆</td></tr>
<tr><td>適用對象</td><td colspan="3">一般民衆，55歲以上長者</td></tr>
<tr><td>活動時間</td><td>20分鐘</td><td>參與人數</td><td>4人</td></tr>
<tr><td>使用教材</td><td colspan="3">撲克牌</td></tr>
<tr><td>活動目標</td><td colspan="3">1.對數字的認知能力。
2.學習基本計算能力。</td></tr>
<tr><td colspan="2">活動流程之內容設計</td><td>時間</td><td>活動資源或器材</td></tr>
<tr><td colspan="2">【開場白】
今天我們要來玩一個遊戲。
你們以前有玩過撲克牌嗎？都玩些什麼遊戲呢？
我們今天來玩一點不一樣的撲克牌遊戲，這個遊戲叫做21爆爆。</td><td>2分鐘</td><td></td></tr>
<tr><td colspan="2">【學習方案】
1.先向長者說明英文A代表的是數字1，英文J、Q、K代表的則是數字10，其餘的2-10代表的就是上面的數字。
2.將牌洗好之後，每個人都先發兩張牌，其餘的牌就堆成一疊擺在中間。將自己的牌翻開擺在桌上，並將牌的數字相加，看有沒有超過21。
3.若相加起來超過21就輸了。若相加起來沒有超過21，就繼續抽牌，第一個超過21的人就必須淘汰，最後剩下沒有超過21的人，即可獲勝。</td><td>16分鐘</td><td>撲克牌</td></tr>
<tr><td colspan="2">【統整與總結】
好厲害哦，贏了好多場呢，這裡有禮物要送給你。我們下次再繼續玩吧！</td><td>2分鐘</td><td>小禮物</td></tr>
<tr><td>評量方式</td><td colspan="3"></td></tr>
<tr><td>週間作業</td><td colspan="3"></td></tr>
<tr><td>課後檢討</td><td colspan="3">1.有些長者以前可能沒有玩過撲克牌，或是認知能力比較差的長者，他們可能對英文也不是很瞭解，所以可以選擇只用數字2-10來做練習。或是自己做1-10的牌。
2.對數字認知能力比較差的長者，可以幫忙他用數數的方式，將數字相加。</td></tr>
<tr><td>注意事項</td><td colspan="3"></td></tr>
<tr><td>參考資料</td><td colspan="3"></td></tr>
</table>

表6-9　活動設計5——可愛家人對對碰

<table>
<tr><td>單元名稱</td><td colspan="3">可愛家人對對碰</td></tr>
<tr><td>適用對象</td><td colspan="3">一般民衆，55歲以上長者</td></tr>
<tr><td>活動時間</td><td>25分鐘</td><td>參與人數</td><td>2人</td></tr>
<tr><td>使用教材</td><td colspan="3">自製撲克牌（上面放家人照片跟名字）</td></tr>
<tr><td>活動目標</td><td colspan="3">1.增強口語表達能力。
2.加深對自己跟家人名字的記憶力。
3.增加自尊心、自信心，提高生活滿意度。</td></tr>
<tr><td colspan="2">活動流程之內容設計</td><td>時間</td><td>活動資源或器材</td></tr>
<tr><td colspan="2">【開場白】
我們今天來玩一個遊戲，叫做可愛家人對對碰。
我們先來看每一張卡片上的圖片，這張圖片上的人是誰呢？是你的先生……（先開始練習看卡片，講出卡片上的人是誰，他的名字是……）</td><td>5分鐘</td><td>手機（輕音樂）</td></tr>
<tr><td colspan="2">【學習方案】
1.開始洗牌，洗好之後，將牌一張一張擺在桌上。
2.剪刀石頭布，看誰贏了，就先開始翻牌。
3.翻開第一張牌，讓長者看看圖片上的人是誰，並念出這個人的名字。再翻開第二張牌，一樣也是要唸出名字。
4.第二張牌若跟第一張牌一樣的話，就算得了一分，並可以繼續翻牌下去。第二張牌若跟第一張牌不一樣，就要換另一個人翻牌（翻開的牌，可以不用蓋回去）。
5.一直翻到，所有的牌都沒了，遊戲就結束。</td><td>15分鐘</td><td>自製撲克牌
手機（輕音樂）</td></tr>
<tr><td colspan="2">【統整與總結】
好棒哦，每個家人的名字都講對了，而且你的分數還比我高，你是今天的贏家，給你個小獎勵，送你小禮物。</td><td>5分鐘</td><td>小禮物</td></tr>
<tr><td>評量方式</td><td colspan="3"></td></tr>
<tr><td>週間作業</td><td colspan="3"></td></tr>
<tr><td>課後檢討</td><td colspan="3">1.放小聲的輕音樂，可以讓氣氛更加愉悅輕鬆。
2.對於認知能力比較差的長者，可以在家人的名字旁邊，加上注音。
3.過程以輕鬆、自在的方式進行，讓長者能夠主動學習跟參與。</td></tr>
<tr><td>注意事項</td><td colspan="3"></td></tr>
<tr><td>參考資料</td><td colspan="3"></td></tr>
</table>

表6-10 活動設計6——水果九宮格丟丟樂

<table>
<tr><td>單元名稱</td><td colspan="4">水果九宮格丟丟樂</td></tr>
<tr><td>適用對象</td><td colspan="4">一般民衆，55歲以上長者</td></tr>
<tr><td>活動時間</td><td>30分鐘</td><td>參與人數</td><td colspan="2">2人</td></tr>
<tr><td>使用教材</td><td colspan="4">水果九宮格（九宮格內貼上不同的水果圖片及文字）、3顆魔鬼沾球、小禮物</td></tr>
<tr><td>活動目標</td><td colspan="4">1.手眼腦協調能力。
2.靈活運動手指，訓練手部肌肉的控制力。
3.培養長輩興趣，促進參與者的自信心與自尊心。</td></tr>
<tr><td colspan="3">活動流程之內容設計</td><td>時間</td><td>活動資源或器材</td></tr>
<tr><td colspan="3">【開場白】
我們今天來運動一下，先做個簡單的暖身操，等一下才不會受傷。有沒有看到前面有一張九宮格，上面有很多水果，我們來看看上面有哪些水果，有蘋果、葡萄、香蕉……，這裡總共有9種水果，你最喜歡吃哪一種水果呢？</td><td>10分鐘</td><td></td></tr>
<tr><td colspan="3">【學習方案】
1.剪刀石頭布，看誰贏，誰就先開始丟球。
2.一次先拿一顆球，將球丟到九宮格的任一個格子內，丟到哪一格，就將那一個格子內的水果講出來，講對了就可以得到一分。
3.再拿第二顆球，要想辦法丟到能夠連成一條直線的格子內，一樣丟到哪一格，就將格子內的水果講出來，講對了可以得到第二分。
4.最後拿起第三顆球，若有辦法連成一條線，就往那個格子丟，丟中了那個格子，三顆球連成了一條線，就得三分，所以總共會得到五分；若沒有辦法連成一條線，也沒有關係，丟中了其中一格，並且講對了格子內的水果名稱，就可以得到第三分。
5.接著換下一個人進行遊戲，看誰第一戰的分數高，誰就先贏了第一戰，以三戰兩勝的方式進行遊戲，增加遊戲的刺激感。</td><td>15分鐘</td><td>水果九宮格、2顆魔鬼沾球</td></tr>
<tr><td colspan="3">【統整與總結】
1.運動玩了，身體都熱起來了吧。
2.今天很厲害哦，每顆球都有丟到格子裡面，而且還有連成了一條直線，你是個很棒的投手哦，這裡要送你一個小禮物。</td><td>5分鐘</td><td>小禮物</td></tr>
<tr><td>評量方式</td><td colspan="4"></td></tr>
<tr><td>週間作業</td><td colspan="4"></td></tr>
<tr><td>課後檢討</td><td colspan="4">1.注意九宮格的擺設地點，找比較空曠的地方進行遊戲，不要砸到家中的家具。
2.在水果的名稱旁邊，寫上注音，幫助認知能力比較差的長者，可以看著注音將水果的名稱唸出來。</td></tr>
<tr><td>注意事項</td><td colspan="4"></td></tr>
<tr><td>參考資料</td><td colspan="4"></td></tr>
</table>

表6-11　活動設計7——驚驚人體模型

<table>
<tr><td>單元名稱</td><td colspan="3">驚驚人體模型</td></tr>
<tr><td>適用對象</td><td colspan="3">一般民眾，55歲以上長者</td></tr>
<tr><td>活動時間</td><td>35分鐘</td><td>參與人數</td><td>1～4人</td></tr>
<tr><td>使用教材</td><td colspan="3">桌遊（人體模型）、小禮物</td></tr>
<tr><td>活動目標</td><td colspan="3">1.對身體器官的認知能力。
2.提升長者的手眼協調能力，以及反應能力。
3.讓長者主動參與，提升長者和他人之間的互動能力。</td></tr>
<tr><td colspan="2">活動流程之內容設計</td><td>時間</td><td>活動資源或器材</td></tr>
<tr><td colspan="2">【開場白】
你們知不知道自己身體裡面的器官是在什麼位置呢？例如：胃在哪裡？……
──向長者介紹人體模型的各個不同器官，包括手腳、肋骨、心、肝、脾、肺、腎等內臟。
現在我們一起同心協力，來幫助這個人體模型，把他所掉落出來的身體器官，小心地放回模型裡面。</td><td>10分鐘</td><td>桌遊
（人體模型）</td></tr>
<tr><td colspan="2">【學習方案】
1.人體模型的後方有一個開關，可以調整遊戲的難度，有簡單（左）和困難（右）兩種設定。
2.每個人開始輪流抽卡，並依照卡片上的器官位置，將器官放置到人體模型的對應位置。
3.卡片上會有指示，提醒我們要使用手或是小夾子，來放置器官（卡片右上角畫著小夾子）。
4.遊戲總共包含了16張卡片，分別對應了16個不同的身體器官。
5.請小心慢慢的將器官放回模型內，如果動作太大，或是太大力，人體模型可是會突然大爆發，剛剛放好的器官都會被彈出來。
6.當所有身體的器官都被放回到人體模型內，就成功完成任務了。</td><td>20分鐘</td><td>桌遊
（人體模型）</td></tr>
<tr><td colspan="2">【統整與總結】
1.大家都很棒，我們成功的幫助了人體模型，讓他的器官都回到他的身體裡面了，給你旁邊的夥伴們鼓掌。
2.這邊有禮物要送給每一位參與的成員，下次我們再玩別的遊戲。</td><td>5分鐘</td><td>小禮物</td></tr>
<tr><td>評量方式</td><td colspan="3"></td></tr>
<tr><td>週間作業</td><td colspan="3"></td></tr>
<tr><td>課後檢討</td><td colspan="3">1.遊戲需要安裝電池，所以需要事先確認電池是否還有電。
2.患有心臟病的長者，需要特別留意，能不能一起參與遊戲。</td></tr>
</table>

表6-12　活動設計8——身體猜拳

單元名稱	身體猜拳		
適用對象	一般民衆，55歲以上長者		
活動時間	35分鐘	參與人數	2人以上
使用教材	小禮物（例如：糖果）、精美禮物		
活動目標	1.手腳靈活度、協調能力。 2.讓長者在遊戲中，能夠學習與他人互動，並與他人建立人際關係。 3.透過遊戲，豐富長者的生活。		

活動流程之內容設計	時間	活動資源或器材
【開場白】 我們今天來運動一下，先做個簡單的暖身操，等一下才不會受傷。 有沒有玩過剪刀石頭布？大家都有玩過吧，是用手指比剪刀石頭布對吧。但是我們今天要玩的遊戲是創意版的剪刀石頭布，顧名思義就是跟以前不一樣的玩法。	10分鐘	
【學習方案】 1.首先示範手部的動作。（如下圖） 剪刀：雙手臂置於頭頂上，打個大叉叉。 石頭：雙手臂環繞，抱在頭頂上。 布：雙手臂向頭的兩側張開。 2.再來示範腳部的動作（如下圖）。 剪刀：雙腳交叉，打個大叉叉。 石頭：雙腳平行併攏。 布：雙腳向外打開。 3.創意剪刀石頭布，是手與腳部的動作一起作，例如要出剪刀，手要在頭頂上打個大叉叉，而腳也要打個大叉叉。我們先兩個兩個人一組，試玩一次看看。 4.現在遊戲要正式開始了，發給每個人一人一顆糖果。 5.大家一起喊，剪刀石頭布。輸的那個人要將你手上的糖果，交給贏的那個人。 6.手上有糖果的人，接著再去找手上也有糖果的人，再跟他玩一次。一直玩到只剩一個人的手上有糖果為止，遊戲就結束。	15分鐘	

（續）表6-12　活動設計8——身體猜拳

<table>
<tr><td colspan="2">【統整與總結】
1.好不好玩？誰的手上擁有最多的糖果？要頒發一個精美小禮物給你，你是今天最大的贏家。
2.今天最大的贏家，請你把你手上的糖果都分享給手上沒有糖果的人，因為施比受更有福，你願意分享自己的東西給其他人，是因為你擁有的比別人更多，你願意分享出去，也是會得到更多福氣的。</td><td>10分鐘</td><td>小禮物、精美禮物</td></tr>
<tr><td>評量方式</td><td colspan="3"></td></tr>
<tr><td>週間作業</td><td colspan="3"></td></tr>
<tr><td>課後檢討</td><td colspan="3">隨時注意長者們的安全，手跟腳一起動作會比較容易跌倒。</td></tr>
<tr><td>注意事項</td><td colspan="3"></td></tr>
<tr><td>參考資料</td><td colspan="3"></td></tr>
<tr><td></td><td colspan="3"></td></tr>
</table>

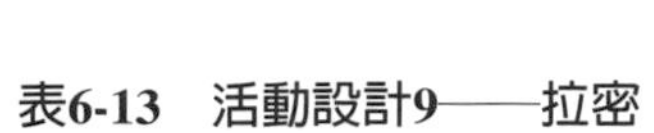

表6-13 活動設計9——拉密

<table>
<tr><td>單元名稱</td><td colspan="3">拉密</td></tr>
<tr><td>適用對象</td><td colspan="3">一般民眾，55歲以上長者</td></tr>
<tr><td>活動時間</td><td>35分鐘</td><td>參與人數</td><td>2～4人</td></tr>
<tr><td>使用教材</td><td colspan="3">拉密、小禮物</td></tr>
<tr><td>活動目標</td><td colspan="3">1.判斷分析能力。
2.排列組合能力。在短時間之內，做出正確的出牌。
3.訓練長者的手部靈活度，手眼協調能力。
4.讓長者在遊戲中，能夠學習與他人互動，並與他人建立人際關係。
5.透過遊戲，豐富長者的生活。</td></tr>
</table>

<table>
<tr><th>活動流程之內容設計</th><th>時間</th><th>活動資源或器材</th></tr>
<tr><td>【開場白】
你們平時還是過年過節的時候，有沒有在打麻將。我們今天要玩的遊戲，就有點像是外國人在玩的麻將牌。</td><td>2分鐘</td><td></td></tr>
<tr><td>【學習方案】
1.拉密的數字牌有數字1～13，每個數字都有紅、藍、黑、橘，再加上笑臉百搭牌。
2.將所有數字牌面朝下，全部混在一起，每個人先從中隨機抽出十三張牌，擺在自己的架子上。剩下的牌就放在桌上，當作牌堆。
3.每個人先從牌堆當中，抽出一張牌，由數字最大的人先開始，再依順時鐘方向進行遊戲。
4.出牌的方式，一組至少要出三張牌以上
(1)相同的顏色，數字要按照順序出牌。
例如：3 4 5，7 8 9 10
(2)不同的顏色，數字要相同。
例如：2 2 2
5.笑臉牌可代表任意的一張牌，在桌上的笑臉牌，可以用他所代表的牌來換取。（詳細的出牌方式，如表格）
6.第一次出牌，一定要加總有超過30。
例如：10 10 10，11 12 13
7.接下來出牌的人，可以利用桌面上已經出過的牌組，重新排列組合，讓自己的牌能夠順利打出去。
8.每一次出牌的時間限制為一分鐘，若思考時間超過一分鐘，就要將剛剛放到桌面上的牌，都拿回來，並且還要再拿三張牌當作懲罰。
9.把架子上的牌都出完的人，就獲勝。而其他的人則將自己架上的數字加總，加總的數字最大的人就是最後一名，依序排名。</td><td>30分鐘</td><td>拉密</td></tr>
</table>

（續）表6-13　活動設計9——拉密

<table>
<tr><td colspan="2">【統整與總結】
1.透過這個遊戲，有沒有覺得頭腦變得更靈活了，要一直動腦筋，想辦法把自己架子上面的牌全都打出去。
2.最後的贏家是誰呢？請出列，要送你一個精美的小禮物。</td><td>3分鐘</td><td>小禮物</td></tr>
<tr><td>評量方式</td><td colspan="3"></td></tr>
<tr><td>週間作業</td><td colspan="3"></td></tr>
<tr><td>課後檢討</td><td colspan="3">1.第一次出牌，一定要加總有超過30。這個部分在剛開始玩的時候，可以先忽略，讓初學者能夠先熟悉玩法，並且在短時間之內就學會，獲得成就感。學會之後，在第三次玩的時候，再加入這個規則，會比較好。
2.限制一分鐘的思考時間，等到大家都很熟悉玩法的時候，再加入會比較合適。或者是有人真的想的太久了，再提醒他不能想太久。
3.玩遊戲，輕鬆玩，不要給長者有太大的壓力，有些規則可以彈性加減。</td></tr>
<tr><td>注意事項</td><td colspan="3"></td></tr>
<tr><td>參考資料</td><td colspan="3"></td></tr>
</table>

<table>
<tr><th colspan="2">詳細的出牌方式</th></tr>
<tr><td>自己架上的牌
5 11</td><td rowspan="2">組合後的牌
5 6 7 8 11 11 11 11</td></tr>
<tr><td>桌上的牌
6 7 8 11 11 11</td></tr>
<tr><td>自己架上的牌
10 7 7</td><td rowspan="2">組合後的牌
8 9 10 7 7 7</td></tr>
<tr><td>桌上的牌
7 8 9</td></tr>
<tr><td>自己架上的牌
6 8 9</td><td rowspan="2">組合後的牌
6 7 8 9 7 7 7</td></tr>
<tr><td>桌上的牌
7 7 7 7</td></tr>
<tr><td>自己架上的牌
9 12</td><td rowspan="2">組合後的牌
7 8 9 9 10 11 12</td></tr>
<tr><td>桌上的牌
7 8 9 10 11</td></tr>
<tr><td>自己架上的牌
5 10 11</td><td rowspan="2">組合後的牌
☺10 11 3 4 5 6 7 8</td></tr>
<tr><td>桌上的牌
3 4☺6 7 8</td></tr>
</table>

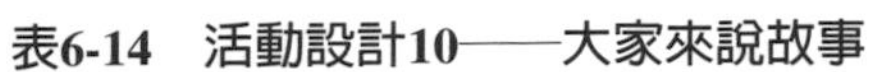
表6-14　活動設計10——大家來說故事

<table>
<tr><td>單元名稱</td><td colspan="3">大家來說故事</td></tr>
<tr><td>適用對象</td><td colspan="3">一般民眾，55歲以上長者</td></tr>
<tr><td>活動時間</td><td>40分鐘</td><td>參與人數</td><td>2人</td></tr>
<tr><td>使用教材</td><td colspan="3">手機或電腦、A4紙張、原子筆</td></tr>
<tr><td>活動目標</td><td colspan="3">1.提升口語表達能力。
2.用簡單的文字敘述，讓長者練習講故事，進而幫助他在生活上與他人的交談能力。</td></tr>
</table>

活動流程之內容設計	時間	活動資源或器材
【開場白】 以前有聽過什麼故事嗎？像是龜兔賽跑、螞蟻與蚱蜢……。 那我們先來看一段故事，是螞蟻與蚱蜢的故事。	5分鐘	
【學習方案】 1.用手機或是電腦，在YouTube上找故事的影片，盡量是長者有聽過故事，讓長者能夠先看過影片，確定長者喜歡，再給他練習說故事。 2.依照影片的內容，將故事情節寫下來，讓長者練習說故事，故事如下： 《螞蟻和蚱蜢》 在一個炎熱的夏天，蚱蜢在樹上快樂地唱歌，樹下一群螞蟻在努力地工作。蚱蜢嘲笑螞蟻不知道享受生活，螞蟻說：「如果現在不備糧食，冬天會餓的。」蚱蜢覺得時間還很多，他要繼續唱歌。 不知不覺，秋天走到了尾聲，寒冷的冬天來了。蚱蜢沒有食物吃，肚子很餓。他來到了螞蟻的家門口，開始敲門。蚱蜢說：「螞蟻給我點吃的好嗎？」螞蟻說：「快進屋來，我家有好多食物。」 蚱蜢被請進屋裡，坐在火爐旁大吃了一頓。蚱蜢說：「那時候取笑你，真是對不起。」螞蟻說：「明年我們一起努力工作吧！」蚱蜢這才後悔，自己不該取笑螞蟻，還明白了未雨綢繆的道理。 3.文字的旁邊，都要標上注音符號。	30分鐘	手機或電腦、A4紙張、原子筆
【統整與總結】 1.經過一次又一次不斷的練習，越來越進步，故事也越講越順了。 2.在週末家人團聚的時候，跟家人們分享這次練習的故事，讓他們聽你說故事，這是一個很棒的分享時刻。	5分鐘	

（續）表6-14 活動設計10——大家來說故事

評量方式	
週間作業	在家練習朗誦故事。
課後檢討	1.寫下來讓長者練習的故事內容，不一定要跟影片裡面一模一樣，可以自己修改句子，把比較難說的句子，改成比較生活化一點，對長者會比較好。 2.也可以詢問看看長者的意見，他想要怎麼改句子。像是在影片當中說道：「樹下，一群螞蟻在滿頭大汗地搬運東西。」就可以改成：「樹下一群螞蟻在努力地工作。」句子就會比較生活化一點。
注意事項	
參考資料	螞蟻和蚱蜢的故事影片：https://www.youtube.com/watch?v=D9H2zvj4nQo

第三節　志工招募與關懷活動

助人者的身分分為專業與業餘，社會工作是助人的專業，志願服務是業餘的助人（彭懷真，2016）。志工透過經驗的重組與改變，而進行有目的、有組織的學習活動，其目的在於達成知能的增長或行為、態度的改變。志工隊的成立、規劃與指導，也需要由一位督導來規劃培育課程及活動規劃引導。Taibbi（2013）認為督導應在不同階段給予差異化的目標和支持，以面對不同的挑戰。

服務學習和志願服務、實習服務、勞動服務不同，透過服務發展領導、解決問題、團隊合作能力，其中的反思是很重要的。達到終身學習之人人可學習，時時可學習、處處可學習、事事可學習的目標，透過服務學習體悟反思，達到體驗學習中的做中學原理和精神。以下就居家照顧服務單位之志工招募、政府及民間團體之志工招募、志工隊關懷活動規劃與執行，來看目前創新志工招募的推展方案。

壹、居家照顧服務單位之志工招募

居家照顧服務單位之志工招募，旨在增加志工人力，補照顧服務產業人力不足之處，同時藉由培力訓練及關懷活動，讓參與者從中獲得生命的意義與照顧服務能力的提升。這對於台灣長期以來照顧服務人力不足的問題，給予加分的效果。

以迦勒志工隊爲例，迦勒志工隊的發展，是由學生及督導一同研發志工隊的模組，進而制訂志工隊關懷模式，拓展青銀志工的加入。藉由社區關懷及活動外展，可以讓志工在進入照顧服務產業前，給自己認識銀髮工作及長期照顧產業的機會。志工隊的招募及執行，先建置模組，參與者包括主管、督導、服務員、學生等。志工隊計畫書、申請表、評估表及報告書，如下所述。

一、志工隊計畫書範例

(一)成立起緣

伊甸基金會因創辦人劉俠女士而開始身心障礙服務，伊甸服務的核心爲提供雙福服務，而隨著身障者老化及人口高齡化的趨勢，基金會開始關注高齡照顧福祉，將服務拓展至高齡長者的照顧服務。迦勒居家照顧服務中心，自開辦服務以來，以提供居家照顧服務爲主。爲提升台灣照顧服務品質，及協助學生完成畢業即就業的使命，還有達成中高齡者就業等目標，爲補照顧提供後關懷人力，故成立迦勒志工隊，提供關懷陪伴等志工服務。

(二)成立目的

1.提升老年人身心靈健康及生活品質。

2.提供老年人關懷陪伴服務及居家互動團康活動參與。

3.建立身障者關懷陪伴平台及外出陪伴服務。

4.協助志工參與學習課程及獲得生命意義。

(三)成立目標

藉由迦勒志工隊有如家人的關懷及陪伴，讓長者們的外出因有陪伴而更安全，藉由電話聯繫及關懷訪視，讓愛與關懷進到需要者的家中。訓練培力課程也讓參與的志工之身心靈健康提升，並可以學習到各種照顧服務的知識及技能。

(四)計畫內容

1.協助量體溫及血壓並提供健康促進方案。

2.電話問安關懷。

3.鼓勵及陪伴長者社會參與。

4.家庭訪視，到家中關懷、陪伴聊天、提供情緒支持。

5.帶領健康操、認知訓練、陪同就醫等。

關於活動的類別、內容及其對長者的幫助，彙整如下：

活動類別	娛樂性活動	社會性活動	技藝性活動
活動內容	桌遊 象棋 跳棋	公園散步 宗教活動 社會服務	手工 彩繪 園藝
活動對長者的幫助	生活上能增添變化，心情達到鬆弛	參與社交活動，較不會與社會脫節	啓發長者的創造力

二、申請表

志工申請表

填寫日期：　年　月　日　　　　志工編號：V

姓名：　　性別：□男 □女　　生日：　年　月　日　　大頭貼黏貼處

聯絡電話：　　手機：

e-mail：　　Line：

通訊地址：

學歷：□小學（含以下） □國中 □高中 □大專院校 □研究所以上

職業身分：□軍 □公 □教 □商 □學生（就讀學校　　　　） □其他

語文能力：□國語 □閩南語 □客家語 □日語 □其他

宗教信仰：□無 □基督教 □佛教 □道教 □一貫道 □天主教 □民間信仰 □其他

興趣：□運動 □音樂 □閱讀 □手工 □其他：

專長：□文書 □手工 □攝影 □團康活動 □其他：

身體疾病：□有 □無　　回答「有」者 □氣喘 □癲癇 □高血壓 □糖尿病 □心臟病 □傳染病 □皮膚病 □其他

固定志工服務時間請自行勾選√

時間	一	二	三	四	五	六	日
上午							
下午							
晚間							

有參加過志工服務嗎？有的話，請問是什麼類型的志工？

參與志工服務的原因：

希望透過志工服務學習什麼？

三、評估表

<table>
<tr><td colspan="4">服務需求評估表</td></tr>
<tr><td colspan="4">服務編號：</td></tr>
<tr><td colspan="2">評估人員：</td><td colspan="2">評估日期：　年　月　日</td></tr>
<tr><td colspan="2">服務對象：</td><td>性別：□男□女</td><td>生日：__年__月__日</td></tr>
<tr><td colspan="2">電話（家）：</td><td>（手機）</td><td>年齡：　歲</td></tr>
<tr><td colspan="3">地址：</td><td>身高：　公分</td></tr>
<tr><td colspan="3">交通：□捷運站出口　□公車　號到　站</td><td>體重：　公斤</td></tr>
<tr><td colspan="4">以往職業：□軍 □公 □教 □商　其他</td></tr>
<tr><td colspan="4">慣用語言：□國 □台 □客 □日 □粵 □ 語障 □其他</td></tr>
<tr><td colspan="4">宗教信仰：□無 □基督教 □佛教 □道教 □一貫道 □天主教 □民間信仰 □其他</td></tr>
<tr><td>緊急聯絡人(1)</td><td>性別：□男　□女</td><td>年齡：　歲</td><td>與服務對象關係：</td></tr>
<tr><td colspan="3">通訊地址：</td><td>電話：</td></tr>
<tr><td>緊急聯絡人(2)</td><td>性別：□男　□女</td><td>年齡：　歲</td><td>與服務對象關係：</td></tr>
<tr><td colspan="3">通訊地址：</td><td>電話：</td></tr>
</table>

服務需求：

服務時間

時間	一	二	三	四	五	六	日
上午							
下午							
晚間							

志工服務提供前應注意事項：1.生理；2.心理；3.靈性；4.他人互動；5.其他

服務對象家系圖

說明

日常生活習慣與興趣

午睡習慣：□是 □否	回答「是」者，　時　分 ～　時　分	
運動習慣：□是 □否	回答「是」者，　時　分 ～　時　分	
進食時間：早餐　　午餐　　晚餐		家中寵物：□有 □無
生活興趣	□運動 □音樂 □閱讀 □手工 □其他：	
社會參與	參與社區活動：□有 □無	回答「有」者，一週____次
飲食方式	□共餐 □送餐 □在家料理 □其他__________ □建議	

環境與設備

環境相關電器	□洗衣機 □（電）熱水器 □洗碗機 □其他
清潔所需工具	□掃把 □抹布 □拖把 □吸塵器 □其他
身體照顧相關	□血壓計 □血糖機 □耳溫槍 □其他
外出相關設備	□電梯 □（電動）輪椅 □拐杖 □助行器 □雨傘 □其他 住家出入 □有 □無 設置階梯傾斜坡道
空調設備	□有 □無
緊急救援系統	□有 □無
消防設備	□有 □無 回答「有」者，在____位置 □家中 □樓梯間 □其他
無障礙空間	□有 □無，需要改善的地方____________
輔具需求	□無 □有，需要____________
其他：	

四、報告書

服務對象姓名		報告書編號R
時間	民國___年___月___日至___年___月___日	
地點		
參與志工姓名		
活動剪影		
心得		
檢討及改善		
備註		

政府及民間團體之志工招募，以新北市社會局提出的「高齡照顧存本專案」和伊甸基金會成立的「志工專區」來看近年來之志工招募創新方案。

一、新北市社會局提出的「高齡照顧存本專案」

新北市政府在2013年10月，所規劃推出的「高齡照顧存本專案」，目的就是希望透過推動「世代志工」及「佈老志工」，來從事陪伴及服務老年人的工作。這與歐美所謂的時間銀行概念類似，就是將自己做照顧志工的時間，存在「時間銀行」，等有需要時再來領取。參與的志工們先提供服務，未來自己或親友需要被服務時，可以在時間銀行，用這些曾經付出的志工時數，來換得自或親友所需的服務。新北市社會局提出的「高齡照顧存本專案」，服務內容有陪伴散步、運動、購物、送餐及文書服務等五項，兌換方式爲每三小時佈老志工時數，未來可享有三小時的簡易佈老志工服務時數；或是換成一小時的居家服務時數。服務對象爲65歲以上，日間獨居、輕度失能及經評估有陪伴需求者（新北市政府社會局，2017）。

二、伊甸基金會成立的「志工專區」

伊甸基金會成立至2017年已經三十五年，招募專區裡每一位志工在服務的過程中，獲得喜樂與意義，從視障者服務中心的健康操帶領及歌唱班志工、親子館活動支援及櫃檯服務志工、交通服務中心行政志工、生活小物DIY活動支援志工、長期活動及陪伴志工、社區適應志工、個案陪伴志工、餵食服務志工、寶貝成長家園早療中心志工、清潔打掃志工、櫃檯服務志工、電話聯繫志工、電腦文書志工、零錢及發票回收志工、總機櫃檯門禁管理志工、微影片拍攝團隊志工、活動演出志工、關懷訪視志工、教案導入志工、烹飪烘焙志工、電話聯繫志工、資源連結志工、捐物整理志工、備餐志工、日照（長輩）中心才藝課程志工、慢飛天使社區適應及個案陪伴志工、婦幼家園行政志工、水電維修志工、看顧學前特殊需求兒童志工等，志工的服務範圍很廣。

伊甸志工招募

王阿姨平日運用排班外的放假時間，陪伴早療中心的孩童學習生活自理能力，每次的付出都覺得好有義意、好開心；社區服務中心照顧的獨居李爺爺，過去因家人在外工作，無人照料覺得孤苦無依，直到伊甸志工常來陪伴並唱歌給他聽，爺爺心靈有了平安，並開始展開笑顏。

因為無數志工的熱誠服務，為伊甸照顧的受助家庭帶來無限希望！

邀您一起加入伊甸志工的行列，底下刊登各中心的志工需求資訊，歡迎您根據感興趣的服務項目，報名填寫個人資料成為伊甸志工，後續將有專人跟您聯繫。伊甸的受助家庭因您的熱情參與及愛心將獲得更豐盛的生命！

資料來源：伊甸基金會網站http://volunteer.eden.org.tw

伊甸志工精神，是愛的力量無堅不摧，可以化軟弱爲剛強，化眼淚爲歡笑，可以面對一切的苦難，克服一切的阻難，愛是生命的原動力，人可以失去一切，但永不能失去愛。哪怕是電腦打字、黏貼信封、撿垃圾清潔打掃，也可能爲小朋友唱歌跳舞、爲臥床老人讀報紙，或提供專業醫療、輔導諮商，志工一點一滴的付出，幫忙了無數弱勢失能家庭回歸正常的生活軌道。一起「行公義、好憐憫、交好友、做好事」，開創地上的伊甸園。

伊甸志工故事裡，一位志工說她是傳愛天使，付諸行動關懷弱勢、每天都充滿了喜樂，他們去探訪住民們，帶著他們唱詩歌與讀經，一一爲他們禱告。一位年輕的志工，用身體力行服務身心障礙朋友，從服務中體會服務的意義，成爲她生命的養分。他們獲頒人間伊甸獎，參加過伊甸青年志工寒暑假營隊，也在伊甸台中服務中心服務身障成人，並且協助社工進行家訪。服務時同理到身障者很想動卻無能爲力的心情，體會到也許我的老後也需要別人幫助。志工們在體會後，會想把自己能力範圍所及的給予他們，也許只是微薄的力量，對被服務的身障者來說，卻是大大的關懷。

一位志工分享在新竹啓能中心「心的旅行」擔任志工時，大大的感動。送餐服務的志工說，在有限的時間內，爲獨居老人、心智障礙者送餐，須將所有熱熱的餐點，配送到每一位服務對象手中，也是在學習怎麼與不同對象互動，百感交集，因爲時常面臨各式各樣的考驗，開啓生活新視野。從起初捐款到擔任志工，每週一下午，志工阿姨默默出現在伊甸萬芳啓能中心門口，菜籃子裡面裝著自掏腰包買的古早味蛋糕，等待著大孩子們午睡醒來，讓啓能中心增添了家的溫暖。

伊甸基金會爲了推廣善的志願服務風氣，並提升志工的服務素養，讓伊甸服務方案，不論在行政業務或直接對受助家庭的服務上皆獲得更適切、有助益的幫助，不定期開設志工基礎訓練等課程。讓志工在參與教育訓練後，向具專業的優質志工邁進，因為專業服務態度及行動，將帶給弱勢家庭更需要及貼切的幫助。

參、志工隊關懷活動規劃與執行

志工隊成立之後，會由中心規劃活動，再由志工們選擇或分配工作。一般來說，關懷活動規劃可以規劃在食、醫、住、行、育、樂等方面。

1.食的方面：可以開辦營養餐食課程、舉辦共餐聚餐活動等。
2.醫的方面：陪同就醫、到居家關懷訪視及陪伴等。
3.住的方面：無障礙空間的檢視、短期居住或long stay的協助等。
4.行的方面：陪同外出、陪同旅遊、協助訂車或共乘聯絡等。
5.育的方面：開辦身心靈健康提升的各式課程、協助文書、健康操等。
6.樂的方面：辦理各種知性之旅等。

我們從迦勒志工隊之「居家愛與關懷陪伴青年志工」、北一女校友會社會服務小天使之「樂活小聚」和伊甸社會福利基金會之「伊甸志工聚伊起感恩交流分享會」，來看志工隊的創新活動。

一、迦勒志工隊之「居家愛與關懷陪伴青年志工」

以迦勒志工隊為例，學生們先設定關懷對象，再與督導討論規劃流程，接著需要聯絡被訪視者，確認雙方可以見面訪視的時間，評估表可以事先拜訪完成，若時間不許可或是交通距離較遠，則可以先在電話中，完成評估表撰寫，由志工規劃關懷內容，並一同討論及分配工作，當天關懷活動完成後，撰寫報告書，並附上相片檔留存。

當有老年人參與的聚會舉辦時，協助活動參與長者的關懷工作，更爲重要。在活動前的聯絡與準備、在活動進行中的拍攝協助與動線引導、在活動結束後的交通搭乘及引導，都是關懷的工作項目。還有團體的健行活動，都需要協助陪同、協助拍攝工作，爲活動參與者留下美好回憶，達到樂活生活的目的，這是關懷的工作目標之一。

二、北一女校友會社會服務小天使之「樂活小聚」

北一女綠園校友社會服務團，於2017年起由校友會以感動人的服務爲出發理念，發起校友志工分組關心師長、關懷校友及籌辦樂齡聯誼活動。樂活小聚活動每一季辦理一次，有知識性的健康養生演講活動，有志工培力的分組討論，校友們不分年齡，一起學習付出，一同投入幫助自己和他人，迎向活躍老化的生活的小天使志工隊，讓校友進來學習，爲校友服務。參與志工進而改變人生，是利他且利己的志願服務宗旨。面對退休生活的挑戰，每個人都選擇了不同的方式，施比受更有福的社會服務，是讓參與者在退休後仍能在服務中，提升身心靈健康的方法。

三、伊甸社會福利基金會之「伊甸志工聚伊起感恩交流分享會」

伊甸基金會每年歲末，會邀請志工們參與尾牙愛宴活動，當天也頒發人間伊甸獎給得獎的單位及志工，對志工來說，那天是每年的志工大聚會。伊甸基金會感謝志工夥伴一年來的服務，年底會舉辦感恩交流分享會，邀請台北、新北、基隆、宜蘭、桃園的志工夥伴一同參與，當天還有音樂表演、身障體驗與市集。參與活動協助者角色的志工們，在感恩交流分享會中，得到伊甸滿滿的感恩與感謝。伊甸志工聚伊起活動規劃發佈於伊甸基金會網站。以下是當天活動的廣宣文稿：

「志工聚伊起」讓我們用音樂、市集一起冬日熱血野餐趣！
是多少的緣分累積讓我們在這裡相遇呢？

每一次的志工服務經驗總讓我們如此難忘，那些曾經的歡笑與淚水，編織了豐富的美麗回憶；每一次的服務也都讓我們與不同的生命相遇，因為付出而充實，因著分享而喜悅。志工服務就像是一場充滿驚喜的旅行，點亮更美的風景，看見更好的自己。

「志工聚伊起」邁入第四個年頭，
再次邀請您參與冬日熱血行動，一起參與公益！

伊甸基金會將於12月3日(六)早上10點至下午4點，在新北市板橋435藝文特區舉辦「志工聚伊起」冬日熱血行動，現場將分享一年來伊甸志工的服務成果，以及豐富的身障體驗活動、市集和二手衣物捐贈。而人氣樂團與歌手，將在後廣場帶來充滿音樂的美好午後。

歡迎大家呼朋引伴，帶著愉快的心情與點心飲料到現場參與、體驗，在草地上野餐，享受美麗時光！

一、活動時間：2016年12月3日(六) 10:00～16:00

二、活動地點：板橋435藝文特區（新北市板橋區中正路435號）

三、活動內容：

(一)志工感恩交流分享會

早上將於板橋435藝文特區的枋橋大劇院，舉辦伊甸志工感恩交流分享會，伊甸志工會分享過往服務的點滴與心得，歡迎大家來交流。而伊甸的輪椅舞團、半音舞集以及伊甸服務使用者等，將帶

來現場演出分享生命的熱力與感動。

(二)身障體驗活動

當天將進行室內黑暗體驗、皮革鑰匙圈DIY手作體驗、室外身障體驗活動，藉由身體力行的體驗活動，來感受身心障礙者在社會中所遇到的困境，進而學習如何同理與陪伴。

- 「如果我看得見？」——室內黑暗體驗：網路報名或現場報名。
- 「刻手心的溫度。」——手作體驗：網路報名，依報名順序，額滿為止。
- 「跟我這樣做！」——室外身障體驗：當天現場報名即可。

（身障體驗活動詳細介紹及網路報名連結請見：https://goo.gl/0SluF9）

(三)二手衣募集

在國內外有許多地區是缺乏衣物資源的，希望藉由這個活動募集衣服和彼此的愛心，伊甸會將您的衣物送給更需要的人們。

1.捐贈項目說明：

(1)上衣、外套：不分年齡、性別、季節，衣況不潮濕、不嚴重破損，即可捐贈（含帽子、圍巾等）。

(2)褲子、裙子，狀況不潮濕、不嚴重破損。

(3)包包（沒有輪子，非硬殼）：表皮未剝落、未氧化，還可使用。

2.捐贈辦法：

(1)所有志工及現場民眾皆可參與二手衣物捐贈活動。

(2)我們不募集私人貼身衣物（內衣褲、汗衫、睡衣、襪

子）。

(3)為了感謝您的愛心，只要您捐贈3件以上（含3件）衣物，並且經由工作人員檢查其完整／清潔度後，我們就送您乙份精美小禮物喔～（數量有限，送完為止）

(4)當天現場所募集到的衣物，將全數交由伊甸舊衣回收專案統一處理，幫助國內外需要之弱勢家庭。

(5)捐衣物做愛心，若您需要捐物收據，請主動告知現場工作人員協助開立。

(四)市集

身為現代公民社會的一份子，不只是持續的參與公益，貢獻自己的力量，在生活的選擇當中尋找友善土地與環境的方式也是美好與良善的循環。

當天將有數個市集，在現場響應公益，更分享努力成果，伊甸邀請您在現場逛好物，野餐趣！

(五)音樂表演

音樂永遠是我們最溫暖的力量與後盾，讓我們一起隨著音樂起舞，在草地上享受最舒服的午後時光，用音符唱出我們心中的熱血，一起在冬日午後參與公益！

(六)志工招募

因著志工們一點一滴的付出與陪伴，讓無數的弱勢失能家庭有機會回到正常的生活軌道，重燃希望火光。我們歡迎有興趣擔任志工的你，當天可以至現場活動服務台報名，一起與我們熱血行公義、好憐憫、交好友、做好事！或上「伊甸志工專區」瞭解詳情。

資料來源：伊甸基金會，http://www.eden.org.tw

參考文獻

田島信元（2015）。《かんたん、楽しい！高齢者の”腦”トじレクリエーション》。日本東京都：ナツメ社。

張本浩平、梅田典宏、大山敦史（2010）。《介護職看護職ができる、個別机能訓練計画&実践プログラム》。名古屋：日綜研出版。

彭懷真（2016）。《志願服務與志工管理》。新北市：揚智文化。

黃慈音譯（2013）。〈助人專業適合你嗎？〉。載於楊蓓校閱，《助人工作者的養成歷程與實務》，第一章（原作者Marianne Schneider Corey & Gerald Corey）。台北市：新加坡商聖智學習。

新北市政府社會局（2017）。〈高齡照顧、存本專案〉。http://www.sw.ntpc.gov.tw/content/?parent_id=10053

Taibbi, R. (2013). *Clinical Social Work Supervision Practice and Process*. New Jersey: Person Education.

社工叢書

居家服務督導工作手冊

作　　者 / 陳美蘭、許詩妤
出 版 者 / 揚智文化事業股份有限公司
發 行 人 / 葉忠賢
總 編 輯 / 閻富萍
特約執編 / 鄭美珠
地　　址 / 新北市深坑區北深路三段 258 號 8 樓
電　　話 / (02)8662-6826
傳　　真 / (02)2664-7633
網　　址 / http://www.ycrc.com.tw
E-mail / service@ycrc.com.tw
ISBN / 978-986-298-282-2
初版一刷 / 2018 年 2 月
初版二刷 / 2021 年 2 月
定　　價 / 新台幣 400 元

國家圖書館出版品預行編目（CIP）資料

居家服務督導工作手冊 / 陳美蘭, 許詩妤著. -- 初版. -- 新北市 : 揚智文化, 2018.02

面； 公分. --（社工叢書）

ISBN 978-986-298-282-2（平裝）

1.居家照護服務 2.長期照護

429.5 106025365